U0078015

培養
刷題
基本功
Python程式設計師的頭腦體操
增井敏克 Toshikatsu Masui
RESTAURANT

前言

記得剛開始學寫程式的時候，最常參考的就是雜誌。裡面會刊載讀者寫的程式碼，我也很喜歡自己動手輸入那些程式碼。

雖然這類程式雜誌已經停刊了，但程式設計的競賽卻成為一大話題，這類競賽比的是誰能最快解出網路上的題目。

參與這類比賽之後就不會遇到「剛開始學習寫程式，卻不知道該寫什麼」的問題，也更能保有學習動力。

話說回來，沒有基本知識是無法解決這類題目的，就算看了解答可能也看不懂，所以本書要介紹的是解題常用的基本演算法，從相對簡單的題目與解答的程式碼開始。

Part 3 的程式碼比實際的程式短很多，請大家先自己寫寫看，確認一下執行結果，再輸入本書程式碼，觀察程式的執行流程與處理速度。

除了處理速度之外，評估程式寫得好不好的標準還有很多，例如程式碼是否簡潔、是否容易維護，都是評估的標準之一。思考有沒有更好的寫法也是解題的樂趣之一，就算答案相同，程式的寫法也有很多種。

即使是相同的程式，只要是以不同的程式語言撰寫，難易度就會因為程式的特性而改變。本書除了介紹 Python 程式碼，Part 3 的部分也提供 Ruby 或 JavaScript 的程式碼可供下載，有機會的話，請大家試著以其他的程式語言寫寫看，一定能找到不同的解題樂趣。

致謝

本書介紹的部分題目來自 CodeIQ 的「每週演算法」。雖然 CodeIQ 這項服務已終止，但還是非常感謝 CodeIQ 的工作人員，沒有他們，我絕對寫不出這麼多道題目，真的非常感謝他們。

本書編排

Part 1　程式設計初學者請從這裡開始

本書共分成三大部分，Part 1 會帶著大家撰寫井字棋遊戲，從中學習程式設計的基礎知識。程式設計所需的知識會在此完整地介紹一遍，所以剛開始學習程式設計的人，或是想打掉重練的人，都可以先從這部分開始讀起。如果已經具備程式設計的基本知識，跳過 Part 1 也沒關係。此外，本書使用的程式語言是 Python。由於使用的是 Google Colaboratory 這項 Google 網路服務，所以不需要另外建置開發環境。

Part 2　寫出既簡潔、處理速度又快的程式碼的祕訣

Part 2 會一邊帶著大家撰寫迷宮程式，一邊了解演算法的基礎。主要會帶著大家以不同的方式撰寫程式，從中學習寫出處理速度快、效率又高的程式。這部分會從最具代表性的搜尋方式開始介紹，直到高階的數學計算為止。

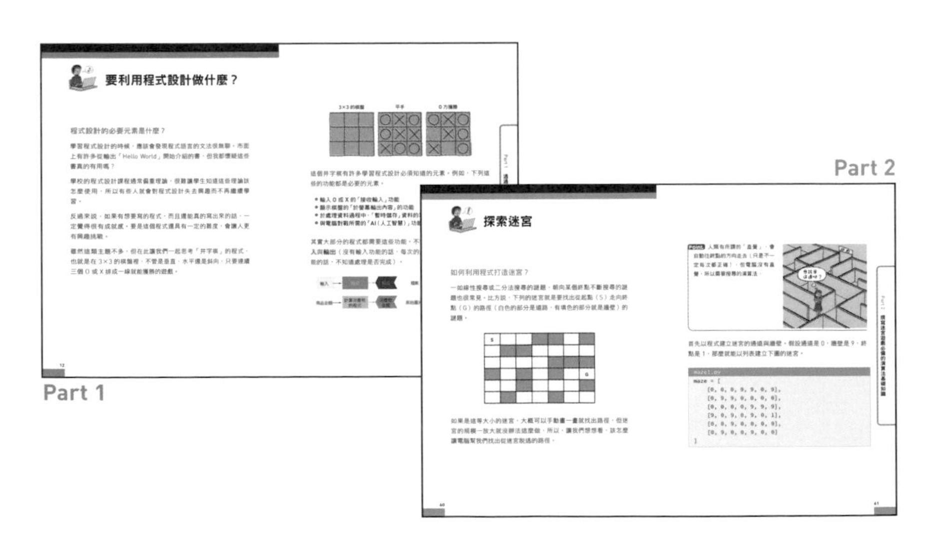

Part 3　挑戰解題！目標是解決所有的問題！

Part 3 是解題集。想「試試自己功力」的人可以直接翻閱這部分的內容。這部分要帶著大家思考計算保齡球分數的程式，還要請大家思考如何透過程式計算座位的排列組合、分解質數與因數以及解決知名題目。

一開始寫著題目名稱的跨頁是「題目頁」，後續的頁面是解說與程式碼的頁面。如果一下子就翻到解說與解答的頁面，就無法享受解題的樂趣了，所以請先自己寫寫看程式，再翻到解說與解答的頁面，這樣才能一邊享受寫程式的樂趣，一邊強化自己的解題功能。

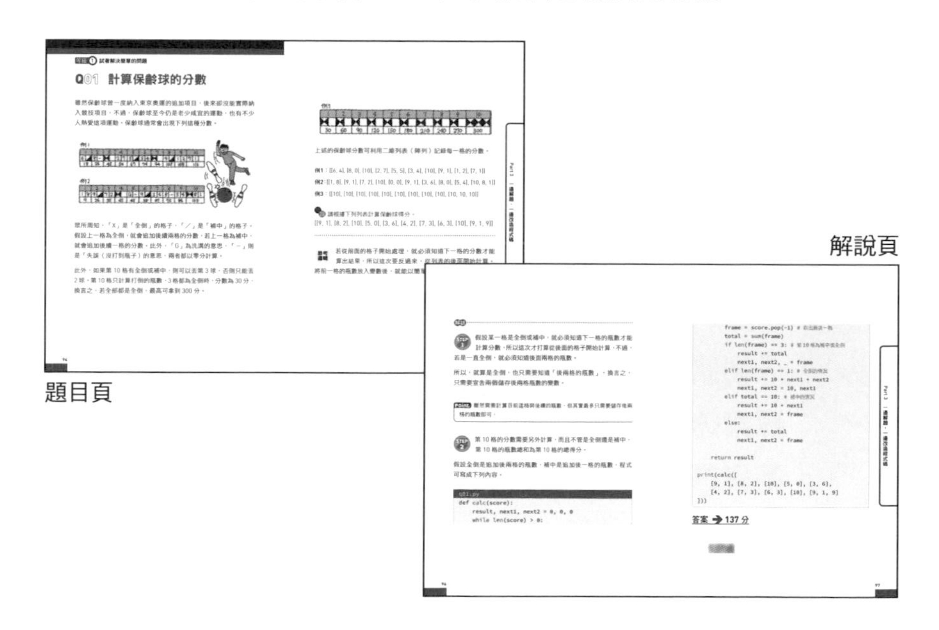

解說頁

題目頁

目錄

等級 2 試著改造程式，縮短處理時間

等級 ③ 試著從另一個角度計算

附錄

① 3…1+2,3

② 15…4+5+6,7+8

③ 27…2+3+4+5+7,8+9+10

⋮

第㊿個是？

範例檔下載

本書的「Part 1 的追加解説（與電腦玩井字棋的方法）」、「Part 2 的程式碼範例」以及「Part 3 的題目解答程式碼範例」，都可從下列的網址下載。

範例檔下載網址
http://books.gotop.com.tw/download/ACL061800

特別加贈「JavaScript & Ruby」程式碼

從上述網址下載的檔案中，有一個「讀者特典」的資料夾，裡頭提供 Part 3 題目的 JavaScript/Ruby 版解答。

※ 以上下載範例檔均為壓縮檔，下載完畢後，請雙點檔案解壓縮再使用。

※ 以上下載範例檔的相關權利皆屬作者以及出版社所有，未經許可請勿散佈或上傳至其他網站。

Part 1
透過井字棋學習程式設計的基本知識

要利用程式設計做什麼？

程式設計的必要元素是什麼？

學習程式設計的時候，應該會發現程式語言的文法很無聊。市面上有許多從輸出「Hello World」開始介紹的書，但我都懷疑這些書真的有用嗎？

學校的程式設計課程通常偏重理論，很難讓學生知道這些理論該怎麼使用，所以有些人就會對程式設計失去興趣而不再繼續學習。

反過來說，如果有想要寫的程式，而且還能真的寫出來的話，一定覺得很有成就感。要是這個程式還具有一定的難度，會讓人更有興趣挑戰。

雖然這類主題不多，但在此讓我們一起思考「井字棋」的程式，也就是在 3×3 的棋盤裡，不管是垂直、水平還是斜向，只要連續三個 O 或 X 排成一線就能獲勝的遊戲。

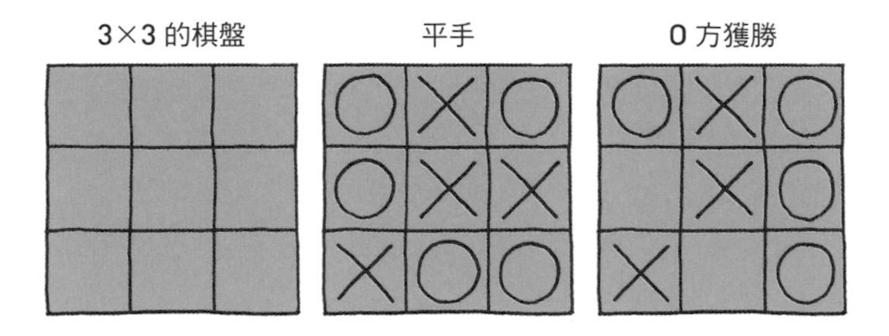

這個井字棋有許多學習程式設計必須知道的元素。例如，下列這些的功能都是必要的元素。

- 輸入 O 或 X 的「接收輸入」功能
- 顯示棋盤的「於螢幕輸出內容」的功能
- 於處理資料過程中，「暫時儲存」資料的功能
- 與電腦對戰所需的「AI（人工智慧）」功能

其實大部分的程式都需要這些功能。不管是哪種程式，都需要**輸入**與**輸出**（沒有輸入功能的話，每次的結果都一樣，沒有輸出功能的話，不知道處理是否完成）。

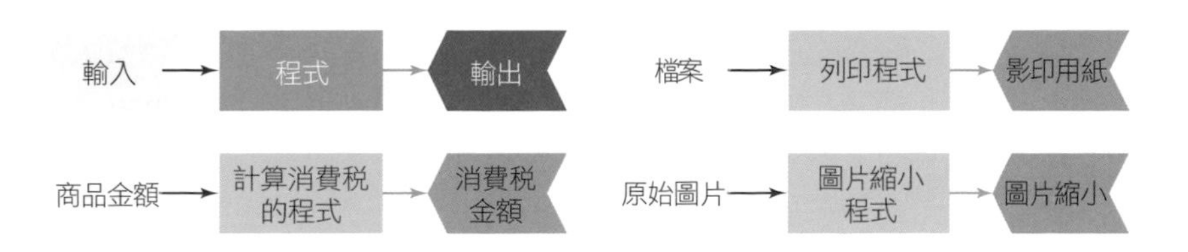

此外，要儲存處理中的資料就必須具備**資料結構**的知識，就算用不到 AI 這麼高深的處理，也需要能思考處理步驟的**演算法**（演算法將於 Part 2 解說）。

接著讓我們透過井字棋的程式，按部就班學習程式設計的基本知識，寫出上述這些功能。

建立 Python 的程式設計環境

本書使用的程式語言是「Python」。這是適合資料分析與統計的語言，最近也很常用於開發機械學習這類人工智慧。除了內建於 Raspberry Pi 這類小型電腦使用的作業系統，也很常用來開發網路程式，算是近來相當受到程式設計師歡迎的程式語言。

memo **本書提供 Ruby、JavaScript 的題目（Part 3）解答（參考 P.10）。有機會請試著利用其他的程式語言撰寫相同的程式。**

Python 是 macOS 內建的標準程式設計語言，但 Windows 環境須另行安裝。較簡單的安裝方式就是從官方網站下載 Anaconda（https://www.anaconda.com），再依照畫面說明安裝即可。請大家試著安裝看看。

為了簡化建構開發環境的步驟，這次要使用只有網頁瀏覽器也能執行程式的「Google Colaboratory」（https://colab.research.google.com/）。只要有 Google 帳號就能免費使用這個服務，還請大家試用看看。

進入網站後，點選「新增筆記本」，就會顯示下列的畫面。

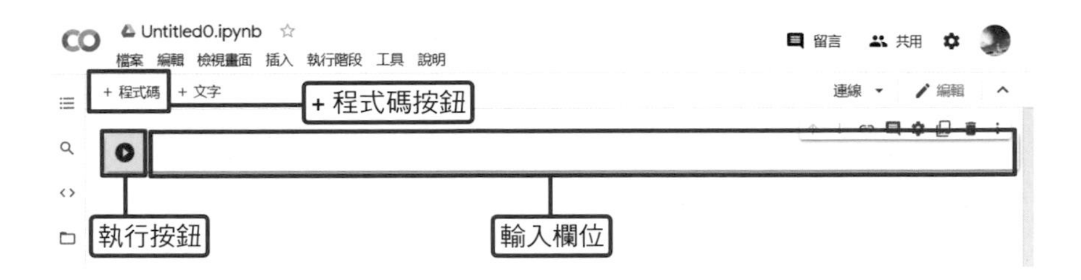

在這個輸入欄位輸入**程式碼**，再點選輸入欄位左側的「●」按鈕，就能**執行**輸入的程式。若想增加輸入欄位可點選「+ 程式碼」。

若想儲存執行過的內容可點選「檔案」，再點選「儲存」與替檔案命名，之後開啟這個檔案就能執行同樣的程式。

打造井字棋的棋盤

先做一個棋盤

不管程式完成了哪些處理，若沒有輸出結果，我們就不會知道程式做了什麼事。因此讓我們先學習在螢幕輸出內容的方法。在 Windows 這類畫面開啟視窗也是輸出內容的方法之一，但這種方法只能在 Windows 使用，因此才會有能在任何一種 OS 輸出內容的命令列。一般的程式不會使用這種命令列，但是能在各種 OS 使用的它真的很方便，也能在本書使用的 Google Colaboratory 使用。

這種命令列在 Windows 稱為「命令提示字元」，在 Linux 或 macOS 稱為「終端機」，是利用鍵盤輸入與輸出命令的畫面。

這種利用鍵盤將資料傳遞給程式（將資料輸入程式）的過程稱為**標準輸入**，而在畫面接收資料的過程（從程式輸出資料）稱為**標準輸出**。

Google Colaboratory 也能透過這種標準輸入與標準輸出傳遞資料。

Point 標準輸入或標準輸出不僅是鍵盤的輸入與輸出，也是檔案的輸入與輸出，也能與其他程式交換資料。

要於 Python 執行標準輸出可如下撰寫「print」，再以括號括住「要輸出的內容」。

```
print(要輸出的內容)
```

比方說，要輸出井字棋的「O」可如下撰寫。

```
print('O')
```

由上可知，要輸出的文字必須以「'」括起來。若要輸出多個字元，可如下放在「'」裡面。

```
print('OXO')
```

執行之後，以「'」括住的部分會在輸出之後換行，所以要輸出多行資料時，必須如下重複輸入 print。

```
print('OXO')
print('XOO')
print('OXX')
```

大家應該已經發現，可透過上述的程式輸出類似棋盤的畫面。雖然這個程式只會輸出相同的內容，但至少大家已經知道該怎麼輸出文字了。

視情況輸出不同結果

假設只需要輸出相同的內容，上述的程式就不需要任何修改，但井字棋的棋面每次都不一樣，所以必須視情況修改輸出的內容。

首先，畫出一塊儲存資料的記憶體，再試著輸出記憶體的資料。劃出記憶體區塊的功能稱為**變數**，數學通常是以 x 或 y 這類符號代表，但程式設計是以命名的方式標記儲存資料的位置。

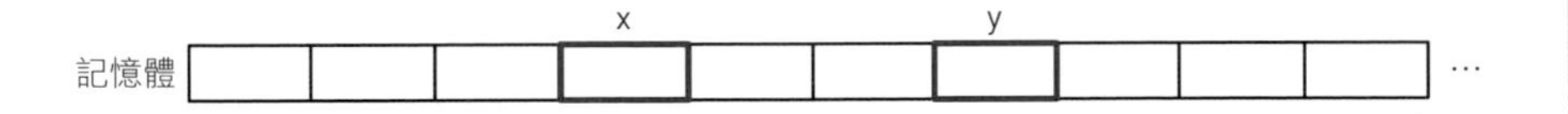

比方說，如果讓我們建立一個名為「row」的變數，儲存棋盤列單位的資料。要於變數儲存值，可在變數的名稱（變數名稱）之後撰寫「=」以及「值」，而這個步驟稱為**代入**。

下列的程式會建立「row」這個名稱的變數，再將值存入變數。

```
row = 'OXO'
```

若要取得變數的值只需要指定變數名稱。比方說，要輸出變數 row 的值，只需要如下在 print 的括號指定變數名稱（變數名稱的前面不需加上「'」）。

```
print(row)
```

要想得到剛剛的結果，可如下改寫程式。

```
row = 'OXO'
print(row)
row = 'XOO'
print(row)
row = 'OXX'
print(row)
```

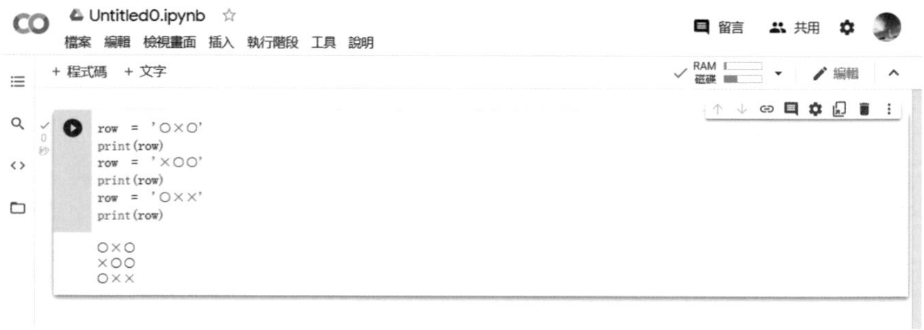

雖然都是將資料代入相同名稱的變數，但從輸出結果來看，都顯示了最後代入的資料。由此可知，變數的內容會隨著代入的內容改變。

Point 代入時，會覆寫上次代入的內容。換言之，只會留下最新的內容。

在 Python 進行計算

剛剛是輸出文字或字串的處理，但被稱為「計算機」的電腦可是很擅長計算的，本書的後半段也常常需要計算，所以讓我們先了解 Python 的計算方式。

Python 可利用數學的符號計算，計算的優先順序也與數學一樣，也就是乘除先、加減後的順序。

不過，有部分的符號與數學不同，例如乘法的符號是「*」，除法的符號是「/」或是「//」。「/」可傳回小數點的商數，「//」可傳回整數的商數。如果想取得餘數，可使用「%」這個符號。此外還有「**」這種累乘的符號可以使用。

實際上會得到哪些計算結果呢？請大家瀏覽下頁的表格。

計算內容	Python 的原始碼	計算結果
加法	3 + 5	8
減法	5 - 2	3
乘法	4 * 5	20
除法（小數點）	13 / 2	6.5
除法（商）	13 // 2	6
餘數	13 % 2	1
累乘	2 ** 3	8

使用這些運算子可進行複雜的運算。若想調整運算順序，可如數學一般加上括號。例如，執行下列的程式碼會得到「2」這個結果。

```
(2 + 3) * (6 - 4) // (7 - 2)
```

接著讓我們試著以代入的方式進行運算。將「5」這個值代入 x 這個變數，接著再代入 +2 之後的結果。當四則運算的符號與「=」相連，就能將計算結果代入變數。比方說，執行下列的處理，x 的內容就會變成「7」。

```
x = 5
x += 2
```

減法、乘法、除法也都能像這樣以邊計算、邊代入的方式計算。

處理內容	原始碼	計算結果（處理前：x = 5）
加總後代入	x += 2	7
減去後代入	x -= 2	3
乘算後代入	x *= 2	10
除算後（小數點）代入	x /= 2	2.5
除算後（商數）代入	x //= 2	2
求得餘數後代入	x %= 2	1
累乘後代入	x **= 2	125

利用迴圈與列表省時又省力

使用變數可改變儲存的值，輸出的處理也能以相同的方式撰寫，但重複撰寫相同的處理很麻煩，讓我們想個方法解決這個問題。

假設輸入值有好幾個，又想依序處理的話，可使用**列表（陣列）**。列表就是有好幾個像變數一樣的箱子連在一起，而且所有箱子還共用一個名字。

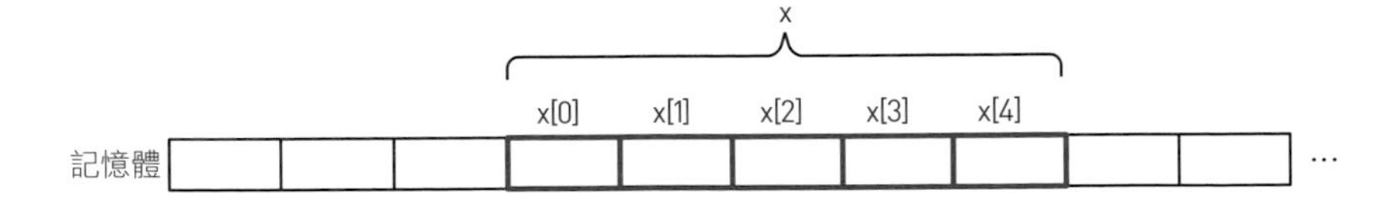

列表的每個值稱為**元素**，可依序從第 0 個、第 1 個、…存取（電腦的順序通常是從 0 開始，也就是 0、1、2、…這種順序，而不

是1、2、3）。這種編號稱為**索引值**。建立列表時，要以「[」、「]」括住元素。

讓我們試著建立擁有「OXO 」、「XOO」、「OXX」這三個元素的列表吧！變數的名稱姑且設定為 rows。

```
rows = ['OXO', 'XOO', 'OXX']
```

像這樣建立列表之後，每個元素可利用變數名稱與索引值存取，例如第一個元素可利用「rows[0]」存取，下一個元素可利用「rows[1]」存取，最後一個元素則是「rows[2]」。

使用列表可對每個元素進行相同的處理。此範例就是對列表的元素執行「輸出」這項處理。我們可以試著對列表的所有元素依序執行這項處理。

使用下列的語法可逐次存取列表的元素，並將元素存入變數，然後執行指定的處理。

這種處理稱為**迴圈**。上述的範例是先**縮排**再撰寫要執行的處理，一般來說 Python 的縮排會是 4 個空白字元。

```
for row in rows:
    print(row)
```

這裡的 for 可依序從 rows 列表取得元素，再逐次存入 row 這個變數，接著再對 row 執行 print，依序輸出每個元素。此外，列表也可利用索引值存取，所以能寫成下列的語法。

```
for i in range(3):
    print(rows[i])
```

上述的 range 在括號內指定了重複執行處理的次數，也就是依序取得值的次數。由於這次指定的是 3，所以迴圈會重複執行三次，依序將 0、1、2 存入 i 這個變數。換言之，會依序取得列表 rows 的第 0 個、第 1 個、第 2 個元素再輸出元素的內容。

Point 要依序處理列表的值可使用在 for 指定列表的方法，或是依照列表的元素數量決定迴圈的次數，逐次取得元素的方法。

此外，列表也可以是二維構造。例如將井字棋的盤面拆成直排與橫排之後，就可以利用二維列表呈現，也就是將列表當成列表的元素儲存（列表之中有列表）。

```
rows = [
    ['O', 'X', 'O'],
    ['X', 'O', 'O'],
    ['O', 'X', 'X']
]
```

接著要以這個列表輸出盤面的內容。如果每輸出一個字元就換行，就無法輸出整列的文字，所以要避免在輸出同 1 列元素的時候換行。要避免換行可追加「end=""」再執行 print。

若要在輸出同 1 列的元素時換行，只需要執行 print。在上述將資料代入二維列表的程式後面追加下列的敘述，就能得到與之前一樣的結果。

```
for i in range(3):
    for j in range(3):
        print(rows[i][j], end='') # 不換行輸出
    print() # 換行
```

執行這個迴圈之後，盤面也會**初始化**（恢復原狀）。遊戲開始時，盤面應該沒有任何 O 或 X，所以一開始都先配置「□」這個符號。

```
for i in range(3):
    for j in range(3):
        rows[i][j] = '□'
```

除了以這個方法初始化列表，Python 還有更方便的方法。以建立有 5 個「0」的列表為例，可使用下列的寫法，而且列表的內容都是一樣的。

```
a = [0, 0, 0, 0, 0]
```

```
a = []
for i in range(5):
    a.append(0)
```

```
a = [0] * 5
```

```
a = [0 for i in range(5)]
```

第 1 種寫法是之前使用的方法，第 2 種寫法則是先建立一個空白的列表，再依序代入元素值的方法。這種寫法除了初始化列表之外，也很常用來新增列表元素。

第 3 種寫法很適合在列表元素很多的時候使用。即使是元素有 100 個的列表，也只需要寫成「a = [0] * 100」即可。

第 4 種寫法是**列表推導式**的寫法。雖然用來撰寫上述的列表看不出什麼結果，但如果是下列的情況，就能建立「0,1,2,3,4」這種每個內容都不同的列表。

```
data = [i for i in range(5)]
```

Point 列表推導式可建立資料不同的列表。

若以第 3 種寫法建立這次的二維陣列，可能會得到預料之外的結果，所以一般較常使用列表推導式建立陣列。舉例來說，下列的程式碼會輸出什麼值呢？

```
a = [[0] * 3] * 3
print(a)
```

執行這個程式之後，會輸出 [[0, 0, 0], [0, 0, 0], [0, 0, 0]] 的值。或許大家會覺得，不是已經依照指定建立二維列表了嗎？

但其實接下來才是問題。執行下列的處理會得到什麼結果？

```
a = [[0] * 3] * 3
a[1][1] = 1
print(a)
```

第 1 行程式建立了二維列表，第 2 行程式設定了 1，所以照道理應該會得到 [[0, 0, 0], [0, 1, 0], [0, 0, 0]] 這個結果才對（下頁左側的示意圖）。

但其實得到的是 [[0, 1, 0], [0, 1, 0], [0, 1, 0]] 這個結果，也就是下頁右側示意圖裡的列表。

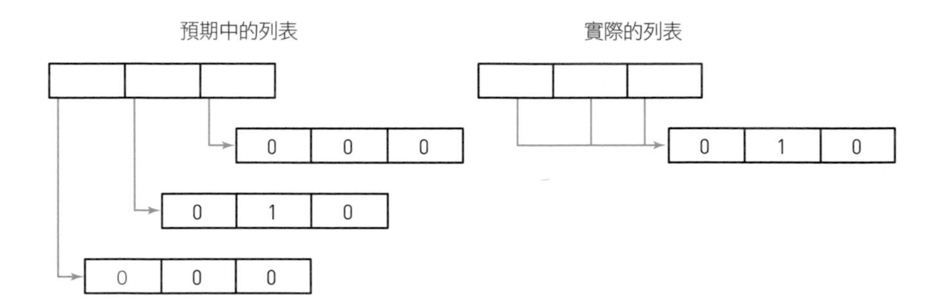

由於代表內側列表的元素全部一樣，所以就算只想改變某個元素，其他的元素也會跟著改變。所以要初始化二維列表，就要使用列表推導式寫成下列的程式碼。

```
a = [[0] * 3 for i in range(3)]
a[1][1] = 1
print(a)
```

如此就能得到預期的結果。接著就以這個方法撰寫初始化盤面的處理。

```
rows = [['□'] * 3 for i in range(3)]
```

常使用的處理先整理成一塊比較方便！

這個遊戲很常輸出盤面，每玩一次都要初始化盤面一次，如果每次都要重寫一次上述處理的話，絕對是件麻煩的事。能將這類常常需要執行的處理整理成程式區塊，再於後續重覆使用這段程式的功能稱為**函數**。其實剛剛使用的 print 或 range 也都是函數。

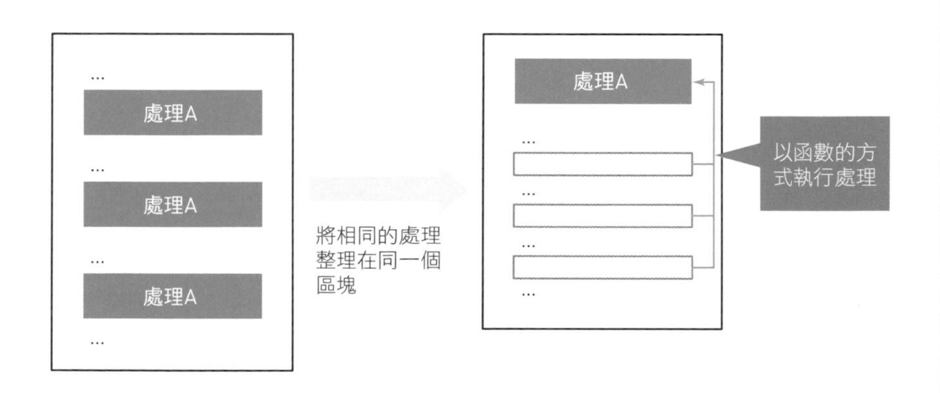

除了使用內建的函數，也可以自訂函數。要自訂函數可在 def※ 後面輸入函數名稱，再以括號括住要傳遞給這個函數的**參數**。

※ def 是 define（定義）的意思

之後就依序要於這個函數執行的處理。若希望函數傳回某些值，就指定**傳回值**。

```
def 函數名稱 ( 參數 ):
    要執行的處理
    return 傳回值
```

讓我們試著自訂輸出盤面的 print_board 函數與初始化盤面的 init_board 函數※。print_board 會以參數的方式傳遞盤面資訊，但沒有傳回值。init_board 沒有參數，但會以傳回值的方式傳回盤面。要執行的處理只需要於上述的內容套用縮排樣式即可。

※ init 是 initialize（初始化）的意思。

```
def print_board(rows):
    for i in range(3):
        for j in range(3):
            print(rows[i][j], end='')
        print()
    print()

def init_board():
    rows = [['□'] * 3 for i in range(3)]
    return rows
```

輸出盤面的函數

初始化盤面的函數

像這樣自訂函數之後，只需要撰寫函數名稱就能呼叫函數。比方說，在上述的函數後面撰寫下列的處理，就能快速初始化與輸出盤面。

```
rows = init_board()
print_board(rows)
```

```
def print_board(rows):
    for i in range(3):
        for j in range(3):
            print(rows[i][j], end='')
        print()
    print()

def init_board():
    rows = [['□'] * 3 for i in range(3)]
    return rows

rows = init_board()
print_board(rows)
```

```
□□□
□□□
□□□
```

Point 使用函數不僅能將常用的處理整理成一個區塊，程式碼也會變得比較簡潔。

將程式改造成對戰模式

如何接收輸入？

如果每次執行程式都輸出相同的內容，那就太無聊了。接下來要將程式改造成當玩家輸入指令後，會輸出不同內容的模式。井字棋是不指定 OX 的位置就沒辦法玩的遊戲，所以，讓我們試著接收鍵盤的輸入內容，再於指定的位置輸出符號。符號位置的列編號與欄編號可利用 0、1、2 指定。

Python 透過標準輸入方式接收輸入內容的是 input 函數。input 函數可以透過訊息告知玩家輸入了哪些值。輸入下列的程式可顯示訊息，也可將輸入的內容代入變數。

```
變數 = input('訊息')
```

比方說，下列的程式可分別輸入列編號與欄編號，還能將輸入值代入變數 r 與 c。※

※ r 是 row（列）的首字，c 是 column（欄）的首字。

```
r = input('列編號(0～2)：')
c = input('欄編號(0～2)：')
```

為了確認輸入的內容是否代入變數，可利用下列的程式碼輸出變數值。

```
print(r)
print(c)
```

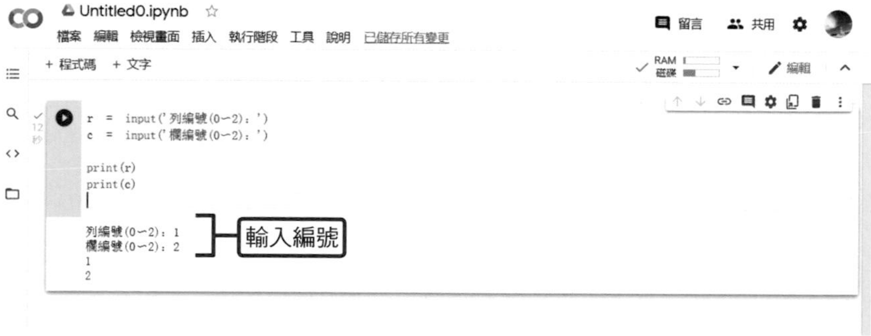

如何根據條件執行不同的處理？

有時候我們會想確認輸入的內容，有時候會想根據值執行不同的處理，有時候則希望在條件成立時執行某個處理，這時候可使用所謂的**條件分歧**，也就是在 if 後面指定條件。

與建立迴圈或函數時一樣，要於條件成立時執行的處理可如下縮排撰寫。

```
if 條件：
    只在條件成立時執行的處理
```

上述的程式碼只會在條件成立時執行處理，條件不成立就不執行。如果想在條件不成立的時候執行其他的處理，可將程式碼寫成下列內容。

```
if 條件：
    只在條件成立時執行的處理
else:
    只在條件不成立時執行的處理
```

此外，若想在條件不成立的時候，繼續指定其他的條件，可如下撰寫程式碼。

```
if 條件1:
    只在條件 1 成立時執行的處理
elif 條件2:
    只在條件 2 成立時執行的處理
else:
    只在條件不成立時執行的處理
```

在 Python 指定條件的時候，可使用下列的**比較運算子**。

比較運算子	意義
a == b	a 等於 b（值相同）
a != b	a 不等於 b（值不相同）
a < b	b 大於 a
a > b	a 大於 b
a <= b	b 大於等於 a
a >= b	b 小於等於 a
a <> b	b 不等於 a（值不同）
a in b	列表 b 有 a 這個元素
a not in b	列表 b 不含 a 這個元素

此外，若要指定多個條件可使用下列的**邏輯運算子**。邏輯運算子可針對「True（真）」或「False（偽）」這兩個值進行運算，Python 的邏輯運算子如下。

邏輯運算子	意義
a and b	a 與 b 為 True 時傳回 True，否則傳回 False
a or b	a 與 b 其中一個為 True 時傳回 True，雙方都為 False 的時候傳回 False
not a	a 為 False 的時候傳回 True，a 為 True 的時候傳回 False

讓我們試著確認輸入的列編號是否為 0、1、2 其中一個，如果不是就輸出錯誤訊息。為了讓每個條件更容易閱讀，所以利用括號括起來。

```
if (r == '0') or (r == '1') or (r == '2'):
    print('正確輸入列編號了')
else:
    print('列編號必須是 0, 1, 2 其中一個，請重新輸入')
```

使用列表撰寫可簡化上述的程式碼

```
if r in ['0', '1', '2']:
    print('正確輸入列編號了')
else:
    print('列編號必須是 0, 1, 2 其中一個，請重新輸入')
```

如果不需要在正確輸入列編號的時候顯示訊息，可將程式碼簡化為下列內容。

```
if r not in ['0', '1', '2']:
    print('列編號必須是 0, 1, 2 其中一個，請重新輸入')
```

在列編號的輸入欄位輸入 0、1、2 之外的值，就會顯示錯誤訊息。

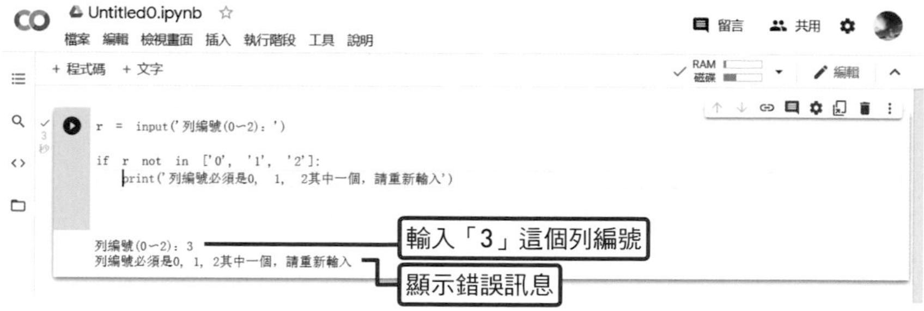

```
r = input('列編號(0~2)：')

if r not in ['0', '1', '2']:
    print('列編號必須是0, 1, 2其中一個, 請重新輸入')

列編號(0~2)：3
列編號必須是0, 1, 2其中一個, 請重新輸入
```

輸入「3」這個列編號

顯示錯誤訊息

接著以相同的方式確認欄編號。不過，確認內容的部分並非運算法的本質，在此省略相關說明。於實務使用上述的程式時，通常會更嚴格地檢查輸入內容，所以請大家依照實際需要操作。

以這個遊戲而言，必須確認指定的位置是否已經輸入符號，而初始化盤面的時候，已先輸入「□」這個符號，所以要利用這個符號確認位置是否已經輸入 O 或 X。

由於輸入的列編號與欄編號為文字，所以必須先轉換成數值。要將文字轉換成數值可使用 int※ 函數。之後都要以數值執行處理，所以要先代入轉換後的值。

※ int 是 integer（整數）的意思。

```
r = int(r)   ┐
c = int(c)   ┘── 將文字轉換成數值
if rows[r][c] != '□':
    print('這個位置已經輸入符號')
```

Point 玩家有可能會輸入其他不適當的內容，所以得確認輸入的內容。

如何重複輸入？

假設確認之後沒問題，就要在指定的位置輸入「O」或「X」。這個步驟只是將符號代入指定的位置而已。

```
rows[r][c] = 'O'
```

由於對戰時，會不斷輪流輸入符號，所以可利用 for 打造**迴圈**（不斷執行相同程式的意思），但這次要使用 while 打造迴圈。while 會在條件成立的期間不斷執行程式，可利用下列的語法撰寫。

```
while 條件：
    要重複的處理
```

使用這個迴圈就能輪流輸入 O 與 X。如下於條件指定 True，條件就會永遠成立，也會不斷執行相同的處理。要停止處理可同時按下鍵盤的「Ctrl」與「C」(若是在 Google Colaboratory 執行程式，可點選執行之際顯示的「■（停止按鈕）」。

```
turn = 'O'
rows = init_board()

while True:
    print_board(rows)
    r = input('列編號 (0～2)：')
    c = input('欄編號 (0～2)：')
    r = int(r)
    c = int(c)
    if rows[r][c] != '□':
        print('這個位置已經輸入符號')
        continue
    else:
        rows[r][c] = turn
```

重複執行這個範圍

```
# 換人下棋
if turn == 'O':
    turn = 'X'
else:
    turn = 'O'
```

重複執行這個範圍

這段程式碼裡的「# 換人下棋」是所謂的註解，只要在開頭輸入「#」，後續的整列內容都會轉換成**註解**，不會被當成程式執行。註解可讓其他開發人員了解這段程式的用意。

Point 若要根據列表的元素數量設定迴圈的次數，再依序處理元素的話，for 迴圈會是比較適當的方法，但如果要在條件成立之前不斷執行迴圈的話，可使用 while 迴圈。

如何判斷勝負？

上述的程式已能讓玩家交互輸入 O 與 X 的符號，卻只能在所有格子填滿後強制結束程式，就算中途分出勝負，程式還是會繼續執行，所以讓我們試著在分出勝負之後初始化盤面吧！

下列的條件可判斷是否分出勝負。

- 只要在垂直、水平、傾斜的方向有三個相同的符號排列，該位玩家獲勝
- 所有的格子填滿（平手）

讓我們試著自訂在盤面初始化之後，確認勝負的函數「check_win」。假設獲勝傳回 True，否則就傳回 False（顯示勝負的結果）。

```
def check_win(rows, turn):
    # 確認水平方向
    for r in range(3):
        if (rows[r][0] == turn) \
        and (rows[r][1] == turn) \
        and (rows[r][2] == turn):
            return True

    # 確認垂直方向
    for c in range(3):
        if (rows[0][c] == turn) \
        and (rows[1][c] == turn) \
        and (rows[2][c] == turn):
```

```
            return True

    # 確認左上至右下的對角線
    if (rows[0][0] == turn) \
    and (rows[1][1] == turn) \
    and (rows[2][2] == turn):
        return True

    # 確認右上至左下的對角線
    if (rows[2][0] == turn) \
    and (rows[1][1] == turn) \
    and (rows[0][2] == turn):
        return True

    return False
```

if 條件式結尾處的「\」代表程式碼換行的意思。假設程式太長，就利用「\」拆成兩行以便閱讀。當然也可以直接寫成一行。

接著要撰寫平手的條件，同樣在平手時傳回 True，否則就傳回 False。

```
def check_end(rows):
    # 確認所有的格子是否都填滿了
    for r in range(3):
        for c in range(3):
            if (rows[r][c] == '□'):
                return False

    return True
```

這些確認處理會在 P.42 換人下棋的處理之前執行，再依照結果執行不同的處理。換言之，P.41 ～ 42 的程式碼可改寫成下列的內容。

```
turn = 'O'
rows = init_board()

while True:
    print_board(rows)
    r = input('列編號 (0～2)：')
    c = input('欄編號 (0～2)：')
    r = int(r)
    c = int(c)
    if rows[r][c] != '□':
        print('這個位置已有棋子')
```

```
        continue
    else:
        rows[r][c] = turn

        if check_win(rows, turn):
            print_board(rows)
            print(turn + '獲勝')
            rows = init_board()
        elif check_end(rows):
            print_board(rows)
            print('平手')
            rows = init_board()
        else:
            # 換人下棋
            if turn == 'O':
                turn = 'X'
            else:
                turn = 'O'
```

如此一來，就能在遊戲結束之前不斷地對戰，一旦分出勝負，就會顯示結果與再開新局，至此已經算是一個完整的井字棋了。

接著，要為大家介紹 Python 超強的資料結構。

先掌握超方便的資料結構

除了建立井字棋盤面的「列表」之外，Python 還有**字典**或**集合**這種功能相似的資料結構。

在其他的程式設計語言裡，字典這種資料結構又被稱為關聯式陣列或雜湊，而這種資料結構的索引不是編號，是字串。列表會以「[」、「]」括住索引，字典則是以「{」、「}」括住索引。

比方說，可建立下列這種字典。

```
score = {'taro': 30, 'hanako': 20, 'jiro': 60}
```

同樣的，字典也能像列表一樣存取資料。例如，下列的處理就會輸出「20」這個值。

```
print(score['hanako'])
```

集合與數學的集合是同樣的意思，也就是所謂的集合體。舉例來說，在數學建立 {1,3,5,7,9} 這種集合，此時不會有相同的元素出現，集合與列表就是在這點不同，因為列表可以出現相同的元素，集合卻不行，每個元素的值都必須不同。

此外，集合還有所謂的聯集或交集的**集合運算**，換言之可從多個集合取得新集合。聯集這種運算可取得某些集合的元素，交集則是取得兩個集合都有的元素。

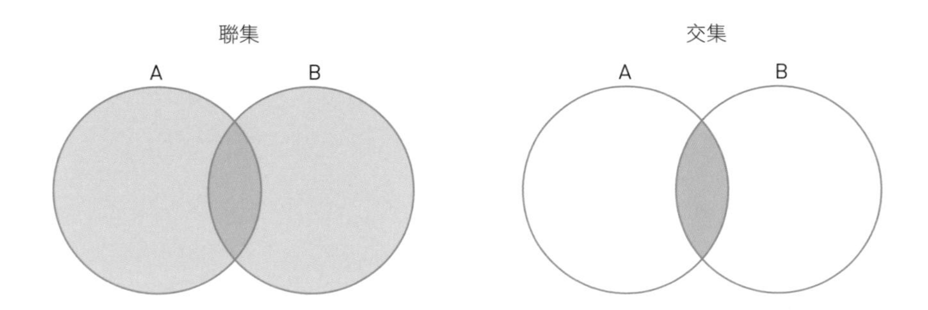

Python 可利用下列的方式建立集合。執行下列的處理可去除重複的元素，將「{1,2,4}」這個集合放入變數 a。

```
a = {1, 1, 2, 2, 2, 4}
```

也可以利用 set 這個函數對列表建立集合。

```
b = set([1, 3, 5, 7, 9])
```

接著可利用「|」對這些集合進行聯集運算，或是利用「&」進行交集運算，藉此建立新的集合。

```
print(a | b)  # {1, 2, 3, 4, 5, 7, 9}
print(a & b)  # {1}
```

到目前為止的 Part 1，利用井字棋介紹 Python 的輸出、輸入、變數、列表的使用方法、條件分歧、迴圈與函數，算是介紹了不少內容。

單憑這些內容應該就能製作基本的程式。之後只要稍微調整一下資料結構，或是追加與電腦對奕的功能，就能讓這個遊戲變得更有趣。

接下來的 Part 2 ，將以到目前為止學到的內容，說明高速演算法。

練習題

星座的判斷（題目）

許多人都會拿星座占卜，也有許多人會在看完每天早上的星座占卜節目之後才出門吧？只要知道自己的生日，就能知道自己的星座。

不過，要記住其他人的星座可就沒那麼容易，而且星座的日期是從每月的幾號到幾號，每本書講的都不一樣，所以，我們不如寫一個只要輸入生日的月與日，就自動顯示星座的程式。12 個星座各自的日期可參考下列表格的內容。

星座	生日	星期	生日
水瓶座	1月20日～2月18日	獅子座	7月23日～ 8月22日
雙魚座	2月19日～3月20日	處女座	8月23日～ 9月22日
牡羊座	3月21日～4月19日	天秤座	9月23日～10月23日
金牛座	4月20日～5月20日	摩羯座	10月24日～11月22日
雙子座	5月21日～6月21日	射手座	11月23日～12月21日
巨蟹座	6月22日～7月22日	白羊座	12月22日～ 1月19日

也可利用多組條件分歧判斷生日期間，但只要先將星座的資訊放進列表，就能快速判斷星座（解答請參考 Part 2 最後一頁）。

Part 2
撰寫迷宮遊戲必備的
演算法基礎知識

「樹狀構造」與演算法

搜尋的重點

雖然前面的 Part 1 撰寫了井字棋的程式，但如果要讓電腦「懂得思考」，從多個方案選出最佳方案的話，就必須撰寫更多處理。其實我們的日常生活也是一連串的「選擇」。

- 早上要幾點起床？
- 早餐要吃什麼？
- 要走哪條路去公司？
- 要從哪項工作先做？…

有些當然是例行公事，有些則是在經過多次選擇之後得出的最佳結論，但一開始應該都是從多個方案之中，挑選某個方案才對。

那麼，有哪些方法可選出最佳方案呢？如果能先檢視所有方案的話，當然就能從中挑出最佳方案。

不過，就實務而言，方案通常會多得無法一一檢視，通常都是先進行篩選，再從中找出最佳方案。

解謎也是一樣，最佳方案當然是能全部瀏覽一遍，否則就需要利用一點巧思縮減範圍，再從中找出最佳方案。最常見的方法就是下圖這種**樹狀構造**。

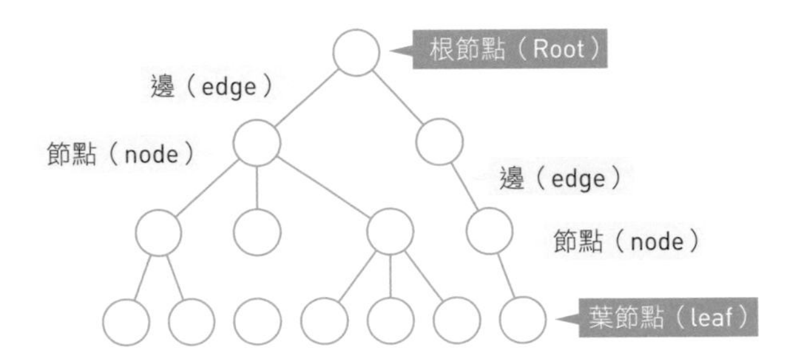

Point 樹狀構造很像電腦管理檔案的資料夾，不過卻是上下顛倒的樹，頂點的「根節點」則被視為起點。主要的目的是從這個起點出發，試著找出走向哪邊的「樹枝」才能得到最佳結果。

若要快速**搜尋**資料，地毯式搜索整個樹狀構造絕對不是最好的方法，而是該決定何時停止搜尋或是縮減搜尋範圍。

什麼是演算法？

一般來說，「解決問題的步驟」就稱為**演算法**。同一個問題通常有很多種解法，所以演算法也有很多種，我們也必須從中選出「較優異的演算法」。

所謂的「較優異的演算法」也是視情況而定。比方說，在處理大量的資料時，通常會選用即使資料變多也能快速完成處理的演算法，但如果要處理的資料只有幾十筆，而且後續不會持續增加的話，不管以什麼步驟處理，應該都能很快完成，這時候要選能立刻寫好程式，又不容易出錯的演算法才是比較理想的選擇。

不過，「演算法」通常是指能快速處理大量的資料或數字的處理方式。

假設有個程式在處理 100 筆資料的時候需要 1 秒，那麼處理 1000 筆資料就需要 10 秒，換言之，資料多出 10 倍，處理所需的時間也多出 10 倍。或許大家會覺得「多出 10 倍」很誇張，但有些演算法會在資料變成 1000 件的時候，要花 1 個小時才能完成運算。

Part2 將透過一些簡單的範例介紹各種搜尋方法。

從頭開始搜尋

讓我們試著從列表尋找需要的資料。只要從頭到尾搜尋一遍，一定能找到需要的資料，而且就算沒找到需要的資料，也會得到「該資料不存在」的結果。

這種依序搜尋的方法稱為**線性搜尋**。由於這個方法只是依序搜尋，所以程式也很簡單，也很適合在資料不多的時候使用。

舉例來說，可試著撰寫從下列的列表找出目標值「40」的程式。先檢查第一個數值是不是目標值，如果是目標值就結束搜尋，否則就繼續檢查下個數值。

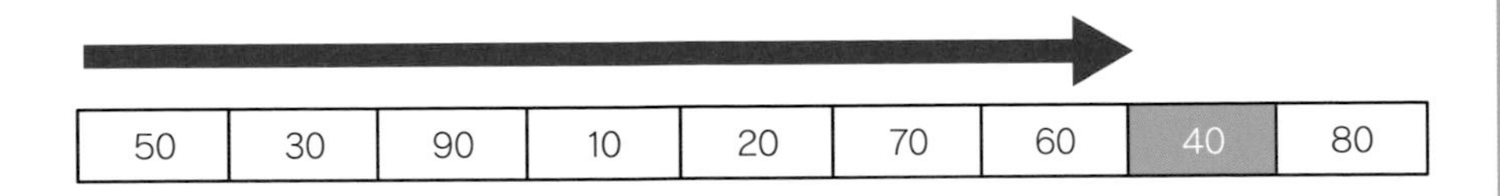

讓我們試著自訂當找到目標值的時候，傳回目標值位置的函數。這個函數的參數為列表與目標值，如果沒找到目標值會傳回「-1」。

```
linear_search.py
def linear_search(data, value):
    for i in range(len(data)): # 依照列表元素的數量設定
                                 迴圈的次數
        if data[i] == value: # 找到目標值
            return i
    return -1 # 列表之中沒有目標值

data = [50, 30, 90, 10, 20, 70, 60, 40, 80]
print(linear_search(data, 40))
```

執行結果→ 7

像這種單純的搜尋可利用 Python 列表的 index 函數 ※ 進行。通常會寫成下列的程式。

※ 正確來說，這個 index 是方法而不是函數。由於本書不打算介紹物件導向的邏輯，相關詳情請參考專業書籍。

```
data = [50, 30, 90, 10, 20, 70, 60, 40, 80]
print(data.index(40))
```

執行結果→ 7

線性搜尋是很簡單的程式，但資料一多，就需要很多時間才能完成處理。

一邊分成兩組，一邊繼續搜尋

如果希望在資料增加時，也能高速處理的話，該怎麼做呢？可試著使用翻查字典或電話簿的方法。在查字典的時候，我們通常會先隨便翻開一頁，接著判斷該單字是在前面還是後面的頁面，藉此縮減搜尋的範圍。

試著將這個方法應用在程式上。由於這種方法是一邊切成兩半，一邊搜尋，所以又稱為**二分法搜尋**。雖然必須先替資料排序，但的確是能高速搜尋的方法。

假設在下列的列表之中，資料依照升冪（由小至大）的順序排列。如果要找的是「40」這個值，可先與中央的「50」比較，由於 40 比 50 小，所以可再於前半段的數值搜尋。

接著再與中央的「20」比較，而 40 大於 20，所以要於後半段的數值尋找。像這樣不斷地切成兩半與搜尋，找到值之後即可結束搜尋。

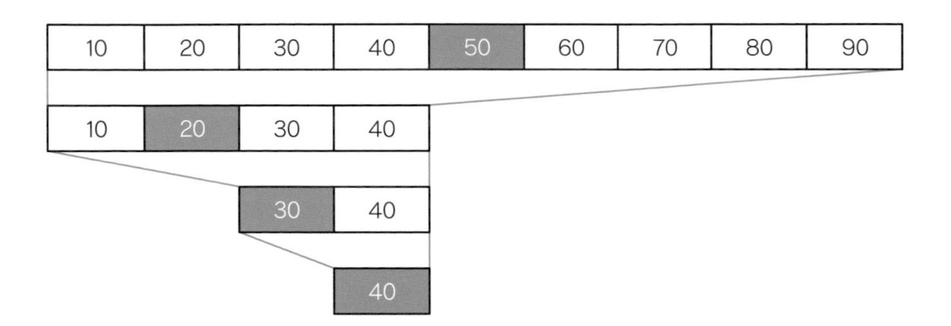

以程式而言，就是設定搜尋範圍左側和右側的值，不斷地調整搜尋範圍。比方說，可將程式寫成下列內容。

binary_search.py

```
def binary_search(data, value):
    left = 0
    right = len(data) - 1
    while left <= right:
        mid = (left + right) // 2
        if data[mid] == value:
            # 與中央的值一致時，傳回該值位置
            return mid
        elif data[mid] < value:
            # 大於中央的值時，調整搜尋範圍的左端值
```

```
            left = mid + 1
        else:
            # 小於中央的值時，調整搜尋範圍的右側值
            right = mid - 1
    return -1

data = [10, 20, 30, 40, 50, 60, 70, 80, 90]
print(binary_search(data, 40))
```

執行結果→ 3

Point 二分法搜尋可在每次搜尋之後，讓搜尋範圍縮減為一半，所以就算列表的資料增加至兩倍，比較數值的次數也只是多了一次而已，換言之，就算資料多出1000倍，比較次數也不過多10次而已，所以就算資料增加，也能縮短搜尋時間。

探索迷宮

如何利用程式打造迷宮？

一如線性搜尋或二分法搜尋的謎題，朝向某個終點不斷搜尋的謎題也很常見。比方說，下列的迷宮就是要找出從起點（S）走向終點（G）的路徑（白色的部分是道路，有填色的部分就是牆壁）的謎題。

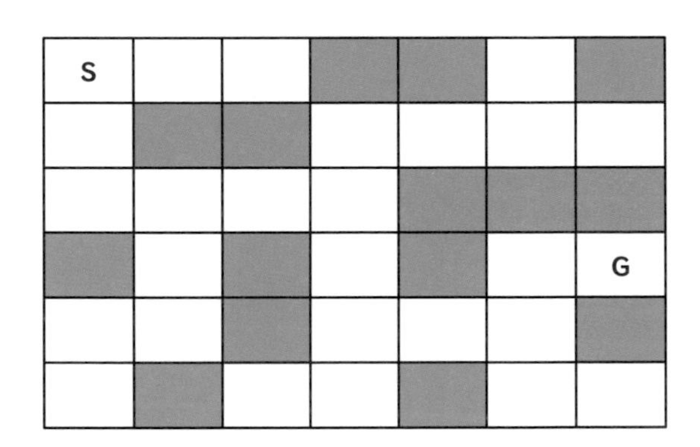

如果是這等大小的迷宮，大概可以手動畫一畫就找出路徑，但迷宮的規模一放大就沒辦法這麼做，所以，讓我們想想看，該怎麼讓電腦幫我們找出從迷宮脫逃的路徑。

Point 人類有所謂的「直覺」，會自動往終點的方向走去（只是不一定每次都正確），但電腦沒有直覺，所以需要搜尋的演算法。

首先以程式建立迷宮的通道與牆壁。假設通道是 0，牆壁是 9，終點是 1，那麼就能以列表建立下圖的迷宮。

maze1.py
```
maze = [
    [0, 0, 0, 9, 9, 0, 9],
    [0, 9, 9, 0, 0, 0, 0],
    [0, 0, 0, 0, 9, 9, 9],
    [9, 0, 9, 0, 9, 0, 1],
    [0, 0, 9, 0, 0, 0, 9],
    [0, 9, 0, 0, 9, 0, 0]
]
```

這樣的方式雖然可行，但是建立一個外框，然後再以 9 代表牆壁，就能輕鬆判斷該位置是不是牆壁。這種以特殊值作為邊界的方法又稱為**哨兵**。

maze2.py

```
maze = [
    [9, 9, 9, 9, 9, 9, 9, 9, 9],
    [9, 0, 0, 0, 9, 9, 0, 9, 9],
    [9, 0, 9, 9, 0, 0, 0, 0, 9],
    [9, 0, 0, 0, 0, 9, 9, 9, 9],
    [9, 9, 0, 9, 0, 9, 0, 1, 9],
    [9, 0, 0, 9, 0, 0, 0, 9, 9],
    [9, 0, 9, 0, 0, 9, 0, 0, 9],
    [9, 9, 9, 9, 9, 9, 9, 9, 9]
]
```

哨兵

試著利用程式走出迷宮

既然已經知道怎麼利用程式打造迷宮，接著就試著走出迷宮吧！先決定起點的位置，接著一邊移動迷宮裡的 0，直到 1 的位置，就算走出迷宮。

相對簡單的解法之一是使用**亂數**。亂數就是不規則的數字，Python 的 random **模組**※ 有所謂的 choice 函數，可讓我們從列表選擇某個元素。這與人類的直覺不同，可在有多個選項的時候，選擇其中一個選項。

※ 模組就是收集程式零件的檔案，目前已有許多方便的模組可以使用。

接著就是從起點開始搜尋，然後不斷地上下左右移動。這種方法雖然沒什麼效率，但只要不斷地移動，最終一定能走到終點。這個程式非常單純，只是將移動方向（上下左右）放入列表，再隨機選擇一個方向，如果該方向是通道，就往該方向移動，然後不斷地重複這個過程。

要使用模組的函數必須先**載入**模組。要載入模組時，必須先在開頭輸入「import」再輸入模組的名稱。

maze3.py

```
import random ── 載入模組

~~中間省略（maze2.py 的內容）~~

# 設定前進方向
d = [[0, -1], [-1, 0], [0, 1], [1, 0]]
# 設定起點
x, y = 1, 1
```

```
while maze[x][y] != 1: # 抵達終點之前，不斷重複這個過程
    # 隨機選擇一個前進方向
    move = random.choice(d)
    if maze[x + move[0]][y + move[1]] != 9:
        # 不是牆壁就往該方向移動
        x += move[0]
        y += move[1]
        print([x, y])
```

這次在代入起點時，將程式寫成「x,y = 1,1」，換言之，只要利用逗號間隔，就能同時將數值代入多個變數。執行這個程式之後，有可能一下子就走到終點，也有可能很久才走到終點。老實說，這個演算法沒什麼用，不過還是能用來建立外框的牆壁，以及確認能否前進的條件。

接著讓我們稍微改造一下程式。迷宮常使用所謂的**右手法**（或是左手法）前進，也就是摸著右側的牆壁不斷前進的方法。就算走到沒路，只要摸著右側的牆壁自然就能折返。

以右手法搜尋路徑的範例

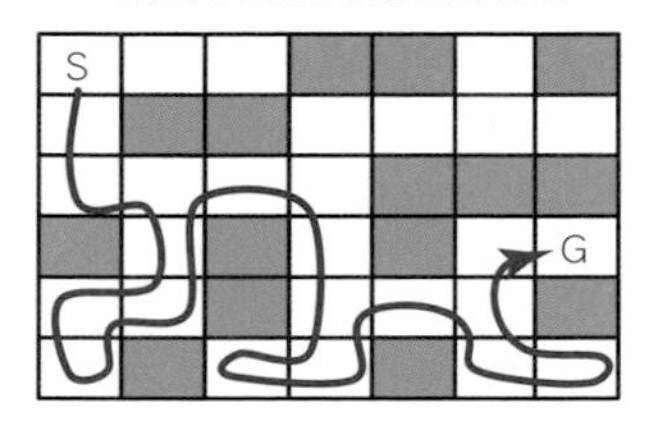

無法以右手法走出迷宮的範例

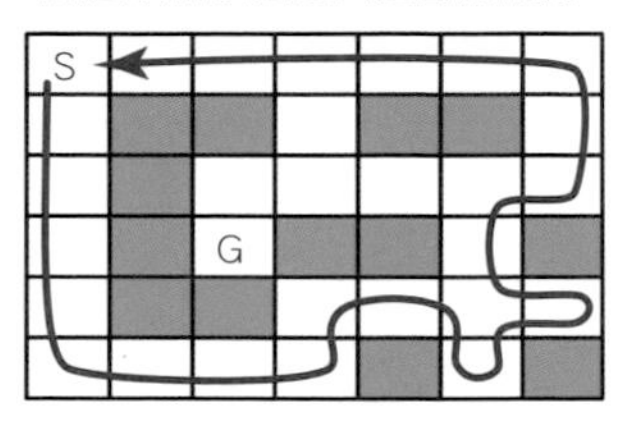

若持續以右手法搜尋路徑，只要不是右圖這種特殊的迷宮，一定能走到終點。雖然右手法不算是很有效率的方法，但一定能幫助我們走到終點。

讓我們試著將右手法寫成程式。雖然迷宮的形狀與上方的左圖一樣，但這次不只要將搜尋方向建立成列表，還會使用目前的前進方向。一開始先往眼前的右側前進，如果沒辦法前進，就往左走一格，再檢查右側的牆壁，然後不斷執行這個過程。

maze4.py

```
import random

～～中間省略（maze2.py 的內容）～～

# 設定前進方向的移動量
d = [[0, -1], [-1, 0], [0, 1], [1, 0]]
# 設定起點
x, y = 1, 1
```

```
# 設定前進方向
dir = 0
while maze[x][y] != 1: # 不斷重複，直到抵達終點為止
    move = d[(dir + 1) % 4]  # 前進方向的右側
    if maze[x + move[0]][y + move[1]] != 9:
        # 不是牆壁就移動，並將前進方向設定為右
        dir = (dir + 1) % 4
        x += move[0]
        y += move[1]
        print([x, y])
    else:
        # 若是牆壁就將前進方向設定為左
        dir = (dir + 3) % 4
```

Point 調整前進方向的處理會用到餘數。由於前進方向共有上下左右共四種，所以替這四個方向分別指派 0～3 的值。以 4 除以其中任何一個值，餘數肯定是 0、1、2、3 其中一個，所以只要讓值不斷遞增 1，再以 4 除之，就能得到 0 → 1 → 2 → 3 → 0 → 1 →這種循環的餘數。如果讓值不斷遞增 3 再以 4 除之，就能得到 0 → 3 → 2 → 1 → 0 → 3 → 2 →…這種循環的餘數。

這個程式可瞬間解決這個大小的迷宮。即使迷宮變大，右手法還是能以一定的速度走到終點。

如何找出最短路徑？

目前是已經能走出迷宮了，但大部分的人都會希望以最短的路徑走到目的地。假設抵達終點的路徑只有一條，那麼以右手法走回相同的位置時，只要排除走過的位置，就能找出最短路徑。

不過，要是抵達終點的路徑有很多條，或是無法以右手法解決的迷宮，就必須搜尋所有的路徑，此時可使用**深度優先搜尋**或**寬度優先搜尋**這類搜尋方法。

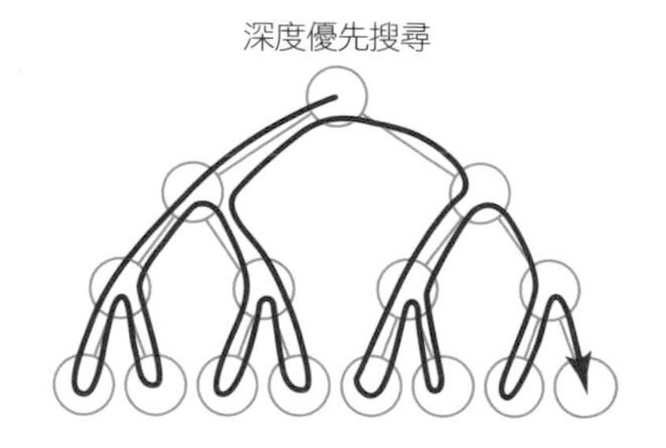

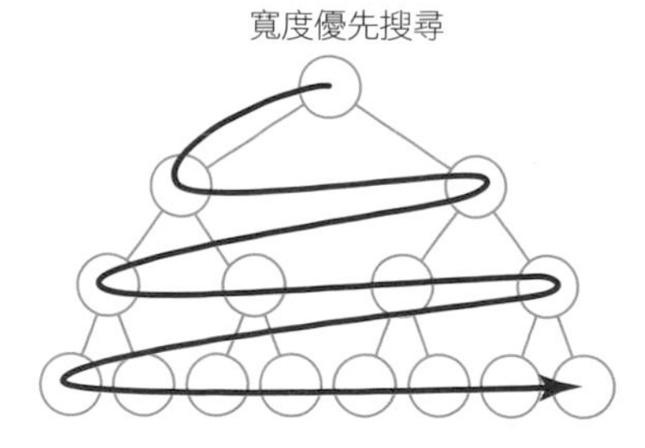

深度優先搜尋與右手法很相似，就是「走到盡頭後，回頭尋找另一條路」的方法。

寬度優先搜尋則是就近依序搜尋可前進的方向，然後一層層往下搜尋，直到沒有可搜尋的位置就結束搜尋。

Point 不管是深度優先搜尋還是寬度優先搜尋，都需要找到所有的路線，但還是得先了解這兩種方法的優缺點再視情況使用。

試用「深度優先搜尋」

深度優先搜尋的原理與右手法雖然相同，但會不斷搜尋，直到找到所有的路線，不像迷宮那樣，走到終點就結束。在找到終點時，先將路徑的長度存起來，就能在結束搜尋時，算出長度最短的路徑。

接著讓我們試著使用剛剛的迷宮撰寫深度優先搜尋的程式。

如果是這個方法，就算將迷宮換成「右手法無法解決的迷宮」，也能順利抵達終點

一般來説，會以迴歸的方式撰寫深度優先搜尋的處理。迴歸又稱為**遞迴**，是一種讓函數呼叫自己的技巧。大家可想像成攝影機拍著電視，然後拍攝的影像又在電視播放的感覺。

Point 如果只是一直讓函數呼叫自己，有可能會形成無限迴圈，所以必須指定結束的條件。

以這次的迷宮為例，要在根據目前位置搜尋移動方向的函數之中，呼叫下一個搜尋移動方向的函數（也就是讓函數呼叫自己），並在無法繼續移動或抵達終點的時候結束搜尋。

由於一再經過相同的位置是沒有意義的搜尋，所以要排除走過的位置。以列表儲存走過的位置，再以參數的方式將位置傳遞給函數，就能確認目前的位置是否走過。只要不斷地將走過的位置新增至列表的結尾再呼叫函數，就能利用列表的最後一個元素確認最後走過的位置。要回到前一個步驟也只需要取得列表最後一個元素。

這種依照順序或顛倒順序從列表取出元素的資料結構稱為**堆疊**，也稱為**後進先出法**（**LIFO：Last In First Out**），是深度優先搜尋常用的技巧。

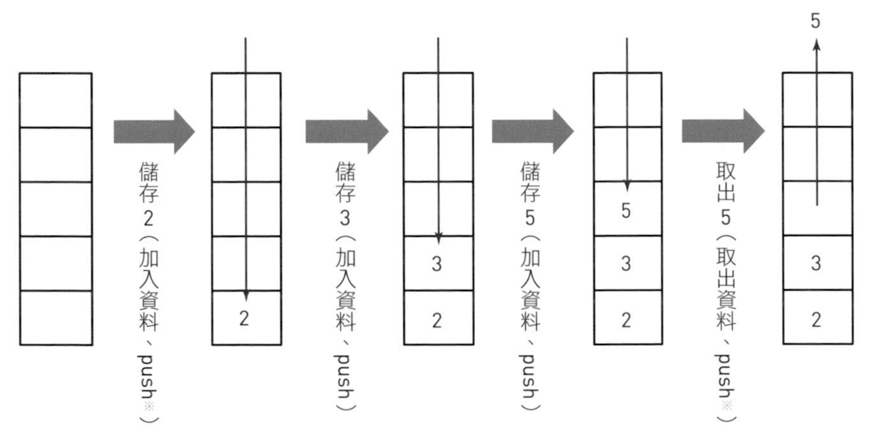

※ 將資料存入堆疊的操作稱為 **push**，取出資料的操作稱為 **pop**。

舉例來說，上述的搜尋方式可寫成下列的程式。

maze5.py

```
～～前面省略（maze2.py 的內容）～～

# 設定前進方向
d = [[0, -1], [-1, 0], [0, 1], [1, 0]]

def search(log):
    x, y = log[-1] # 取得最後的位置
    if maze[x][y] == 1:
```

```
        # 抵到終點就傳回深度（路徑的長度）
        return len(log) - 1

    depth = [999999]  # 設定深度很深的值※
    for move in d:
        if maze[x + move[0]][y + move[1]] != 9:
            if [x + move[0], y + move[1]] not in log:
                # 如果是沒走過的位置就走過去
                log.append([x + move[0], y + move[1]]) # push
                depth.append(search(log)) # 迴歸
                log.pop(-1) # pop

    return min(depth)

print(search([[1, 1]]))
```

執行結果→ 11

※ 由於這次的迷宮是 7×7 的大小，所以大概搜尋 50 遍就能結束搜尋。不過還是要替深度設定較大的值。

這個 search 函數會根據之前的移動路線以迴歸搜尋的方式找出可移動的位置，再傳回最淺（距離終點最短的距離）的路徑。抵達終點後，會傳回所有的移動路徑的長度，最後再從中求出最小值，藉此算出最短距離。

此外，這次在取得最後的位置時，將列表的索引值設定為「-1」。若是在 Python 將索引值設定為負數，代表從列表的後面開始取得元素。這次的列表只有 2 個元素，會分別將這兩個元素代入 x 與 y。

以 Python 而言，要在列表新增（push）元素可使用 append 函數，取出（pop）元素則可使用 pop 函數。將 pop 函數的參數設定為「-1」，就能取出最後一個元素。

一開始或許大家不太了解迴歸是什麼，但大家可以先畫一個小小的迷宮，再以手繪的方式確認堆疊的變化，然後再逐行執行處理。

試著執行「寬度優先搜尋」

深度優先搜尋必須在找完所有路徑之後，才知道哪條是最短的路徑，但就近依序搜尋的寬度優先搜尋則可在找到最短路徑的時候結束搜尋。

寬度優先搜尋常使用**佇列**這種資料結構，而佇列又稱為**先進先出**（**FIFO：First In First Out**）是一種依儲存順序存取資料的資料結果。

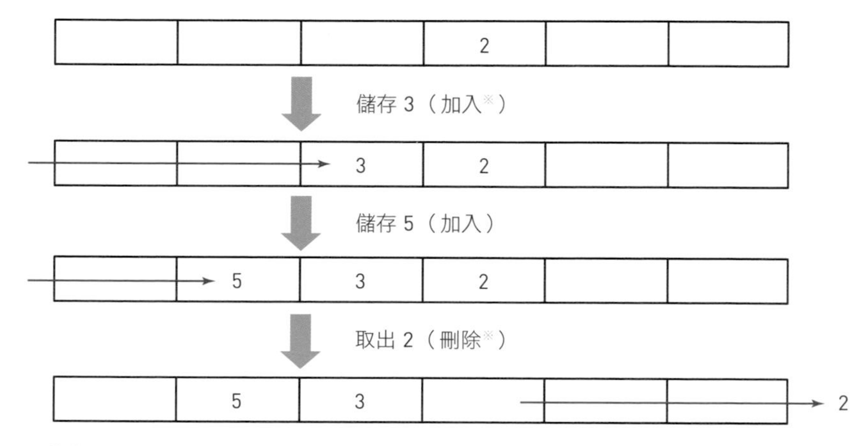

※ 將資料加入佇列的過程稱為「加入」（enqueue），取出資料稱為「刪除」（dequeue）。

若於迷宮執行寬度優先處理，會將可前進的位置存入佇列，接著從佇列的開頭取得這些位置，移動到該位置之後，再將可前進的位置存入佇列。

若想要找到最短路徑，就不能搜尋曾經搜尋過的部分，曾經搜尋過的部分會被記錄成「**LOG**」，若是未於 LOG 記錄的部分就會進行搜尋，否則就忽視。

maze6.py

```
～～前面省略（maze2.py 的內容）～～
```

```
# 設定前進方向
d = [[0, -1], [-1, 0], [0, 1], [1, 0]]
# 記錄曾經搜尋過的位置的 LOG
log = [[1, 1]]
# 佇列（x 座標、y 座標、深度的列表）
queue = [[1, 1, 0]]

while len(queue) > 0:
    x, y, depth = queue.pop(0) # 取出佇列開頭的位置
    for move in d:
        xd, yd = x + move[0], y + move[1]
        if maze[xd][yd] == 1:
            # 抵達終點就輸出距離與結束搜尋
            print(depth + 1)
            exit
        elif maze[xd][yd] != 9:
            if [xd, yd] not in log:
                # 若是未曾經過的位置
                # 新增至 LOG 與佇列
                log.append([xd, yd])
                queue.append([xd, yd, depth + 1])
```

執行結果→ 11

Point 寬度優先搜尋只是不斷地從佇列的開頭取得資料，以及將資料加入尾端而已，所以可利用迴圈執行。

將 pop 函數的參數指定為 0 就能從列表的開頭取得資料，大家應該已經發現，這次的程式是將列表當成佇列使用。此外，我們也發現不管是深度優先搜尋還是寬度優先搜尋都能找到最短路徑。若只是為了要找到最短路徑，通常會使用能高速搜尋的寬度優先搜尋，因為只要一找到就能結束搜尋。

不過，如果路徑很多的話，以寬度優先搜尋的方式搜尋，就必須大量儲存曾走過的位置，相對的就會消耗更多記憶體空間，而深度優先搜尋只會儲存正在搜尋的位置，所以幾乎不會佔用記憶體空間。

讓搜尋變得更快速

反向思考的「雙向搜尋」

若想找到其他的搜尋方法，最常想到的就是「反向思考」的搜尋方式。讓我們從終點反推這次的迷宮吧！因為只要是能從起點走到終點的迷宮，當然也能從終點走到起點。

不過，若只是從終點開始搜尋，搜尋所需的時間跟從起點開始搜尋其實差不多，因為若只是將起點與終點換個位置，搜尋到的路徑數量會一樣多，搜尋所需的時間也差不多。

讓我們試著做**雙向搜尋**吧！也就是同時從起點與終點開始搜尋，當雙方於某處相會時，這條路徑就是最短路徑。

從起點開始搜尋

S

G

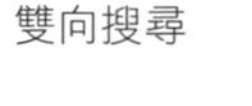

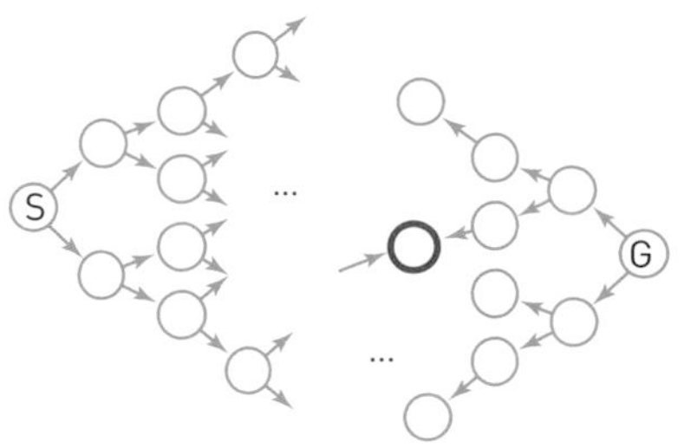

以上圖而言，雙向搜尋的路徑似乎比單向搜尋來得少，稍微計算一下也會發現，雙向搜尋的搜尋量比較少。假設所有的分歧點都有兩條路可走，而這種分歧點總共有 12 處的話，單向搜尋的搜尋量就會是 2 的 12 次方，也就是 4096 種。

假設改以雙向搜尋的方式搜尋，單邊就只需要搜尋 6 個分歧點，所以搜尋量就是 2 的 6 次方，由於是雙向搜尋，所以總搜尋量只會是 64×2=128。換言之，兩種搜尋方式的搜尋量約有 30 倍的差異，而且分歧點越多，這個差異就會越明顯。

由於雙向搜尋無法使用深度優先搜尋，所以會以寬度優先搜尋的方式進行，而且也不會只是從佇列的開頭取得位置，而是讓兩個方向的搜尋深度遞增，藉此找到最短距離。

接下來會將從起點開始搜尋的過程稱為 fw（forward 的簡寫），並將從終點開始搜尋的過程 bw（backward 的簡寫）。

maze7.py

```
～～前面省略（maze2.py 的內容）～～

# 設定前進方向
d = [[0, -1], [-1, 0], [0, 1], [1, 0]]
# 記錄曾經搜尋過的位置的 LOG
log_fw = [[1, 1]]
log_bw = [[4, 7]]
# 佇列（x 座標、y 座標、深度的列表）
fw = [[1, 1]] # 起點位置
bw = [[4, 7]] # 終點位置
# 深度
depth = 0

# 從佇列與 LOG 取得下個位置的列表
def get_next(queue, log):
    result = []
    for x, y in queue:
        for move in d:
            xd, yd = x + move[0], y + move[1]
            if maze[xd][yd] != 9:
                if [xd, yd] not in log:
                    # 若是未曾經過的位置
                    # 新增至 LOG 與佇列
```

```
                log.append([xd, yd])
                result.append([xd, yd])
    return result

# 判斷兩個方向的搜尋位置是否相同
def check_duplicate(fw, bw):
    for i in fw:
        if i in bw:
            return True
    return False

while True:
    # 從起點往終點前進一層
    fw = get_next(fw, log_fw)
    depth += 1
    if check_duplicate(fw, bw):
        # 假設雙向的搜尋位置相同就結束搜尋
        break

    # 從終點往起點前進一層
    bw = get_next(bw, log_bw)
    depth += 1
    if check_duplicate(fw, bw):
        # 假設雙向的搜尋位置相同就結束搜尋
```

```
        break

print(depth)
```

執行結果→ 11

若是這等大小的迷宮，可能還無法感受到雙向搜尋的威力，但如果迷宮的規模一放大，搜尋的速度就會明顯快很多。

此外，上述的程式自訂了雙重確認的函數。一如 Part 1 所述，Python 可利用「&」運算子確認兩個集合（set）是否有重複的數值，但當集合的元素是列表時，就無法使用這個運算子確認是否出現重複，所以才自訂了雙重確認的函數。

以數學的思維搜尋

以上就是沿著最短路徑走出迷宮的程式。接著讓我們思考一下該怎麼計算路徑的數量。若以從家裡經過便利商店，再抵達公司的情況為例，就是以不繞遠路為前提，計算最短路徑有幾條的意思。

為了方便說明，讓我們以下列棋盤狀的街道為例。假設家在左下角，公司在右上角，便利商店在兩者中間時，只要不斷地往右或往上移動，應該就能走出最短距離（無法往左或往下）。

接著我們來計算看看路徑的數量。第一步先計算從家裡走到便利商店的路徑。圖中的紅色箭頭就是從家裡走到便利商店的三條路徑，而藍色箭頭是從便利商店走到公司的四條路徑。

可見在上圖的棋盤狀街道之中，從家裡經過便利商店再走到公司的路徑共有 3×4=12 條。這種規模的街道還可以手動計算，但是當分歧點變多，就很難這麼做了。

如果要撰寫這類計算路徑數量的程式，通常會使用深度優先搜尋計算抵達便利商店或公司的路徑數量。

```
route1.py
def search(w, h):
    if (w == 1) and (h == 1):
        # 抵達目的地就加 1
        return 1

    cnt = 0
    if w > 1:
        # 可往右方移動就移動
        cnt += search(w - 1, h)
    if h > 1:
        # 可往上方移動就移動
        cnt += search(w, h - 1)

    return cnt

m = search(2, 3) # 搜尋家裡到便利商店的路徑
n = search(4, 2) # 搜尋便利商店到公司的路徑

print(m * n)
```

執行結果→ 12

如果是這等大小的街道，應該能在瞬間算出結果，不過分歧點若是增加，就會需要更多時間。雖然可使用後續介紹的「記憶化」縮短計算時間，以下將試著以不同的角度思考減少搜尋量的方法。

以下是計算抵達每個十字路口的路線有幾條的方法。假設從左下角出發，那麼抵達最左欄與最下列的十字路口的路線各只有一種，所以全部設定為 1。

前往其他十字路口的路線就是左側與下方的十字路口的路線數量總和，以下圖的左側為例，加總左側與下方十字路口的路線數量，就能得到 35 這個數字，代表能走到右上角的路徑共有 35 條。

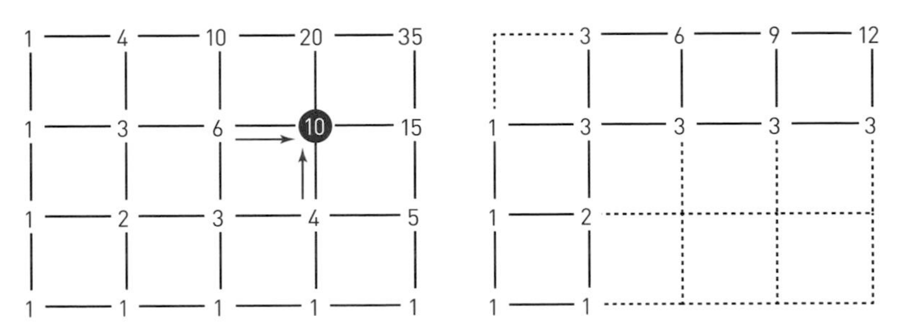

※ 加總左側與下方十字路徑的路線數量（例如：**6+4=10**）

右圖是這次題目的示意圖，讓我們試著將這個搜尋方式寫成程式。若以迴歸的方式搜尋，可將程式寫成下列內容。

route2.py

```
def search(x, y):
    if x >= w:
        return search(0, y + 1)
    if y >= h:
        return route[w - 1][h - 1]

    if y > 0:
        route[x][y] += route[x][y - 1] # 從下方出發的路線
    if x > 0:
        route[x][y] += route[x - 1][y] # 從左側出發的路線

    return search(x + 1, y)

# 搜尋家裡到便利商店的路線
w, h = 2, 3
route = [[0] * h for i in range(w)]
route[0][0] = 1
n = search(1, 0)

# 搜尋便利商店到公司的路線
w, h = 4, 2
route = [[0] * h for i in range(w)]
route[0][0] = n
print(search(1, 0))
```

執行結果→ 12

Point 假設搜尋的不是所有路線，而是先找出有幾個十字路口，再計算通過十字路口的路線，就能大幅減少搜尋量。

挑戰高階運算！

除了上述這種一步一腳印的搜尋方式，也很常使用數學的方法搜尋。這次從家裡到便利商店的路線有往上移動兩次、往右移動一次的模式，換言之，這種模式有「上上右」、「上右上」、「右上上」這三種組合。讓我們思考一下，當移動次數變多時，會多出哪些移動模式。

假設「上」、「中」、「下」這三個文字各使用一次，就能組出「上中下」、「上下中」、「中上下」、「中下上」、「下上中」、「下中上」這六種移動模式，第 1 個文字有三種選擇，第 2 個文字有除了第 1 個文字之外的兩種選擇，第 3 個文字只剩一種選擇的方式算出，也就是以 3×2×1=6 的方式計算。

這在數學稱為**排列**，要從 n 個不同的東西選出 r 個排成一列時，會寫成 $_nP_r$，計算的方式如下。

$$_nP_r = n\times(n-1)\times\cdots\times(n-r+1)$$

換言之，要從「上」「中」「下」這三個文字之中選出三個排成一行的話，可利用 $_3P_3 = 3\times2\times1 = 6$ 的公式計算。

```
nPr.py
def nPr(n, r):
    result = 1
    for i in range(r):
        result *= (n - i)
    return result

print(nPr(3, 3))
```
執行結果→ 6

或許大家會覺得這次的「上」「上」「右」也可利用 3×2×1 等於 6 的公式計算，但這兩個「上」沒有特別區分，所以要排除這個情況。由於兩個「上」的模式是 2×1 ＝ 2 種，所以要以這個結果為分母重新計算。

$$\frac{3 \times 2 \times 1}{2 \times 1} = 3$$

這個步驟叫做「**標準化**」（適用於各種情況）。也就是説在 n 次之中，出現了 r 次的「上」，剩下的 n-r 次是「右」的意思。這種計算方式稱為**組合**，可利用下列的公式計算結果，通常也會寫成 ${}_nC_r$。

$${}_nC_r = \frac{n \times (n-1) \times \cdots \times 1}{r \times (r-1) \times \cdots \times 1 \times (n-r) \times (n-r-1) \times \cdots \times 1}$$

有時候以數學的方式計算，就能跳過搜尋過程，瞬間算出結果。

此外，排列與組合的算式有時可利用**階乘**寫得更簡潔一點。所謂的階乘就是從 *n* 乘到 1 的意思，*n* 的後面會是「!」，寫成「*n*!」的符號，例如上述的排列與組合可寫成下列的公式。

$$ {}_n\mathrm{P}_r = \frac{n!}{(n-r)!} \qquad {}_n\mathrm{C}_r = \frac{n!}{r!(n-r)!} $$

這個數學公式雖然簡單明瞭，但寫成程式之後，一旦 n 變大，分母與分子都會變成非常大的值，有時甚至會超過**整數類型**的範圍（程式語言可處理的整數上限分成 32bit 或 64bit，32bit 可處理的整數只有 43 億個）。所以要寫成程式時，通常會使用下列的定義。

$$ {}_n\mathrm{C}_r = {}_{n-1}\mathrm{C}_{r-1} + {}_{n-1}\mathrm{C}_r $$

將這個公式寫成程式，可以利用迴歸的方式寫得更加簡潔。

nCr1.py
```
def nCr(n, r):
    if (r == 0) or (r == n):
```

```
        return 1
    return nCr(n - 1, r - 1) + nCr(n - 1, r)

print(nCr(3, 2))
```

執行結果→ 3

要注意的是，隨著迴歸的層數越來越深，呼叫函數的次數就會越來越多。於程式呼叫函數時，會使用**呼叫堆疊**（Call Stack）這塊記憶體空間，但如果執行了太多函數，這塊記憶體空間就會不足，程式也會發生錯誤，所以通常會利用迴圈撰寫下列的算式，避免發生上述的錯誤。

$$ {}_{n}\mathrm{C}_{r} = {}_{n}\mathrm{C}_{r-1} \times \frac{n - r + 1}{r} $$

nCr2.py

```
def nCr(n, r):
    result = 1
    for i in range(1, r + 1):
        result = result * (n - i + 1) // i
    return result

print(nCr(3, 2))
```

執行結果→ 3

效果顯著！利用「記憶化」提升運算速度

除了計算之後，還有其他能減少多餘的計算、快速算出結果的方法。如果每次計算都會得到相同結果的處理，只要儲存第一次的計算結果，就不需要再次計算。

解決迷宮問題時常用到的演算法就是迴歸，上述的迷宮也不時用到這個演算法搜尋路線。由於迴歸的結果會隨著參數的不同而改變，所以當參數相同，得到的結果也會是一樣的。

假設我們以 $n = 5$、$r = 2$ 執行前述以迴歸的方式計算組合種類的程式，會如下呼叫函數。

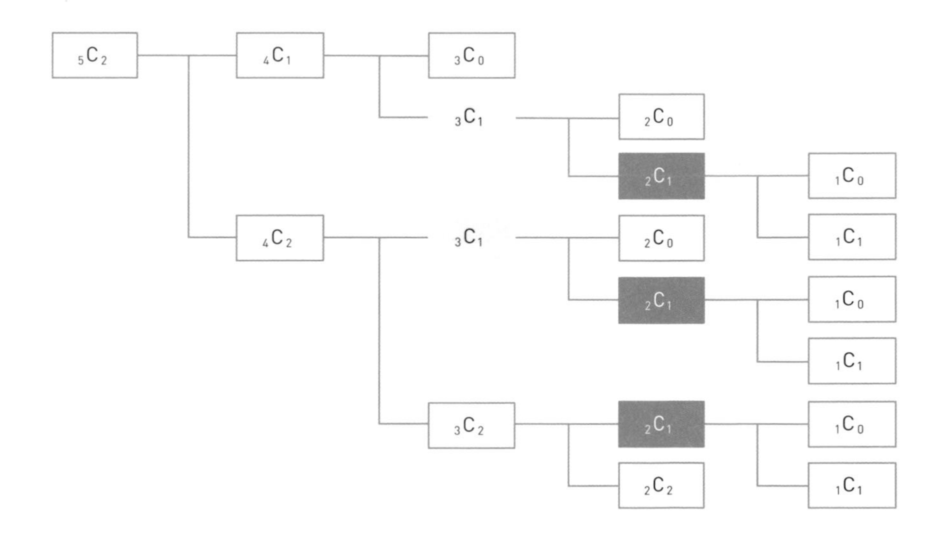

Part 2 撰寫迷宮遊戲必備的演算法基礎知識

從圖中可以發現，${}_{3}C_{1}$、${}_{2}C_{1}$ 算了好幾次，但結果都一樣。若能事先儲存這類計算，就能更有效率地算出結果，而這種事先儲存的方式稱為「**記憶化**」，也是**動態規劃法**（Dynamic Programming）的一種。

動態規劃法是將大問題拆解成小問題，問題解決後再將解答存起來，再根據需要使用這些儲存的問題解答來解決其他的大問題。

要在 Python 使用「記憶化」這項技巧，可從 functools 模組指定 lru_cache※。在程式的一開始載入這個模組，並在函數前面加上 @lru_cache 即可使用這個技巧。

要計算組合種類時，只需要如下指定就能使用「記憶化」技巧，此時就算 n 值變大，也能在瞬間完成計算。

※ lru 是「least recently used」的縮寫，意思是捨棄最近最沒在使用的東西（換言之，就是留下最常使用的東西）。

nCr3.py

```
from functools import lru_cache

@lru_cache(maxsize=1000) ── 記憶化的指定
def nCr(n, r):
    if (r == 0) or (r == n):
```

```
        return 1
    return nCr(n - 1, r - 1) + nCr(n - 1, r)

print(nCr(3, 2))
```

執行結果→ 3

Point 假設不管執行幾次，只要參數相同，就一定會算出相同結果的函數，就可利用「記憶化」技巧大幅提升運算速度，尤其迴歸的函數很常應用這項技巧。

雖然還有很多搜尋方式，但上述介紹的方法已經非常夠用，有機會的話，大家還可以查查使用**極大極小搜尋法（Minimax）**的剪枝法（Alpha-beta），或是**分支界定法（branch and bound）**。

練習題

星座的判斷（解答）

除了將星座的日期區間與名稱存入列表，將「白羊座」放在列表的開頭與結尾，就能快速判斷星座。

```
def check(month, day):
    seiza = [
        '白羊座', '水瓶座', '雙魚座', '牡羊座',
        '金牛座', '雙子座', '巨蟹座', '獅子座',
        '處女座', '天秤座', '摩羯座', '射手座', '白羊座'

    ]
    limit = [
        19, 18, 20, 19, 20, 21,
        22, 22, 22, 23, 22, 21, 19
    ]
    if day <= limit[month - 1]:
        return seiza[month - 1]
    else:
        return seiza[month]

month = int(input('月'))
day = int(input('日'))

print(check(month, day))
```

但即使輸入了 1 月 32 日或是 13 月 30 日這類錯誤的日期也會顯示星座，請大家試著自行新增如何判斷這類錯誤的內容。

Part 3

一邊解題，一邊改造程式碼

Q01 計算保齡球的分數

雖然保齡球曾一度納入東京奧運的追加項目，後來卻沒能實際納入競技項目，不過，保齡球至今仍是老少咸宜的運動，也有不少人熱愛這項運動。保齡球通常會出現下列這種分數。

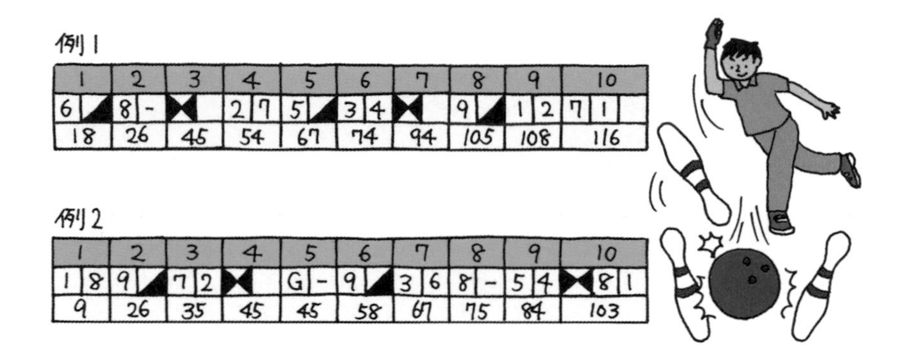

大家都知道，「X」是代表「全倒」，「／」是代表「補中」。若是打出全倒，那格就會加上後面兩格的分數；若是打出補中，那格就會加上後面一格的分數。此外，「G」代表洗溝，「－」則是「失誤」（沒打到瓶子），兩者都是以零分計算。

如果第 10 格打出全倒或補中，就可以丟第 3 球，否則就只能丟 2 球。第 10 格只計算打倒的瓶數，3 格都為全倒時，分數為 30 分，換言之，若全部都是全倒，最高可拿到 300 分。

例3

1	2	3	4	5	6	7	8	9	10
30	60	90	120	150	180	210	240	270	300

上述的保齡球分數可利用二維列表（陣列）記錄每一格的分數。

例1：[[6, 4], [8, 0], [10], [2, 7], [5, 5], [3, 4], [10], [9, 1], [1, 2], [7, 1]]

例2：[[1, 8], [9, 1], [7, 2], [10], [0, 0], [9, 1], [3, 6], [8, 0], [5, 4], [10, 8, 1]]

例3：[[10], [10], [10], [10], [10], [10], [10], [10], [10], [10, 10, 10]]

問題 請根據下列列表計算保齡球得分。

[[9, 1], [8, 2], [10], [5, 0], [3, 6], [4, 2], [7, 3], [6, 3], [10], [9, 1, 9]]

思考邏輯 若從前面的格子開始處理，就必須知道下一格的分數才能算出結果，所以這次要反過來，從列表的後面開始計算。將前一格的瓶數放入變數後，就能以簡單的加法算出結果。

解說

STEP 1 假設某一格是全倒或補中，就必須知道下一格的瓶數才能計算分數，所以這次才打算從後面的格子開始計算，不過，若是一直全倒，就必須知道後面兩格的瓶數。

所以，就算是全倒，也只需要知道「後兩格的瓶數」，換言之，只需要宣告兩個儲存後兩格瓶數的變數。

Point 雖然需要計算目前這格與後續的瓶數，但其實最多只需要儲存後兩格的瓶數即可。

第 10 格的分數需要另外計算，而且不管是全倒還是補中，第 10 格的瓶數總和為第 10 格的總得分。

全倒是加上後兩格的瓶數，補中是加上後一格的瓶數，程式可寫成下列內容。

q01.py
```
def calc(score):
    result, next1, next2 = 0, 0, 0
    while len(score) > 0:
```

```
        frame = score.pop(-1) # 取出最後一格
        total = sum(frame)
        if len(frame) == 3: # 第 10 格為補中或全倒
            result += total
            next1, next2, _ = frame
        elif len(frame) == 1: # 全倒的情況
            result += 10 + next1 + next2
            next1, next2 = 10, next1
        elif total == 10: # 補中的情況
            result += 10 + next1
            next1, next2 = frame
        else:
            result += total
            next1, next2 = frame

    return result

print(calc([
    [9, 1], [8, 2], [10], [5, 0], [3, 6],
    [4, 2], [7, 3], [6, 3], [10], [9, 1, 9]
]))
```

答案 ➔ 137 分

Q02 棒球的得分模式有幾種

棒球的計分板會列出先攻與後攻隊伍的第 1 局到第 9 局的分數，最右側則是兩隊 1 ～ 9 局的總分。以下圖分數而言，A 隊的得分較高，所以是 A 隊獲勝。

例1

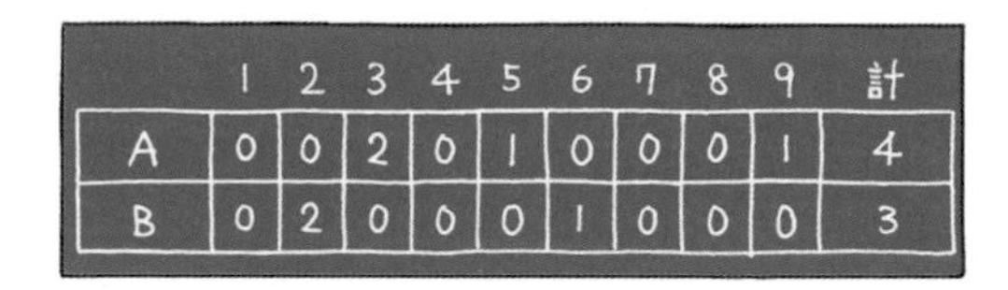

	1	2	3	4	5	6	7	8	9	計
A	0	0	2	0	1	0	0	0	1	4
B	0	2	0	0	0	1	0	0	0	3

不管是先攻還是後攻，都需要加總第 1 ～ 9 局的分數，但如果後攻的隊伍領先，球賽會在第 9 局的上半局（先攻的局數）結束，不需要繼續打第 9 局下半（後攻的局數），此時後攻隊伍的分數是第 1 ～ 8 局加總的結果。

例2（後攻隊伍領先，提早結束比賽的情況）

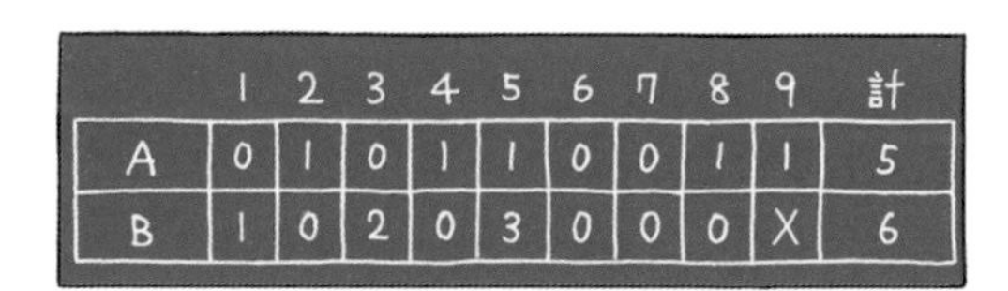

	1	2	3	4	5	6	7	8	9	計
A	0	1	0	1	1	0	0	1	1	5
B	1	0	2	0	3	0	0	0	X	6

此外，比賽結束後，除了總分之外的結果會全部擦掉，所以接下來讓我們根據總分思考會有幾種得分方式。

假設總分是 1 比 2（先攻 1 分，後攻 2 分），那麼先攻隊伍的得分模式肯定是第 1 ～ 9 局之中，有某一局得到 1 分，換言之，得分模式共有 9 種。後攻隊伍的得分模式則有「第 1 ～ 8 局之內為 0 分，第 9 局下半得到 2 分」「第 1 ～ 8 局得到 1 分，第 9 局下半得到 1 分」以及「第 1 ～ 8 局得到 2 分，第 9 局下半沒有得分」這三種模式。

在第 8 局之前 0 分，第 9 局下半得到 2 分的情況只有 1 種，在第 1 ～ 8 局之內得到 1 分，在第 9 局下半得到 1 分的情況有 8 種，而在第 1 ～ 8 局之內得到 2 分，第 9 局下半沒有得分的情況則是分成兩次得分的 ${}_{8}C_{2}$ = 28 種，以及一次取得 2 分的 8 種，兩者相加起來共有 36 種模式。換言之，若後攻的隊伍贏得比賽，取得 2 分的模式共有 45 種。由於先攻隊伍的得分模式共有 9 種，而後攻隊伍的得分模式共有 45 種，所以總共的得分模式共有 405 種。

問題 **當分數是 7 比 8（先攻隊伍 7 分，後攻隊伍 8 分），總共的得分模式會有幾種？假設比賽於第 9 局結束，沒有延長賽的問題。**

思考邏輯 為了避免分數超過總分，可依序決定第 1 局至第 9 局的分數，最後再加總分數，如果加總結果與總分一致，就視為得分模式的一種。後攻隊伍的得分模式則可根據第 8 局的總分分別計算兩種情況的得分模式。

解說

STEP 1 首先，讓我們想想先攻隊伍的得分模式。由於先攻隊伍一定會打滿 9 局，所以要計算的是第 1 ～ 9 局的分數剛好為總分的模式。這部分可根據剩下的局數以及不足的分數進行迴歸計算。

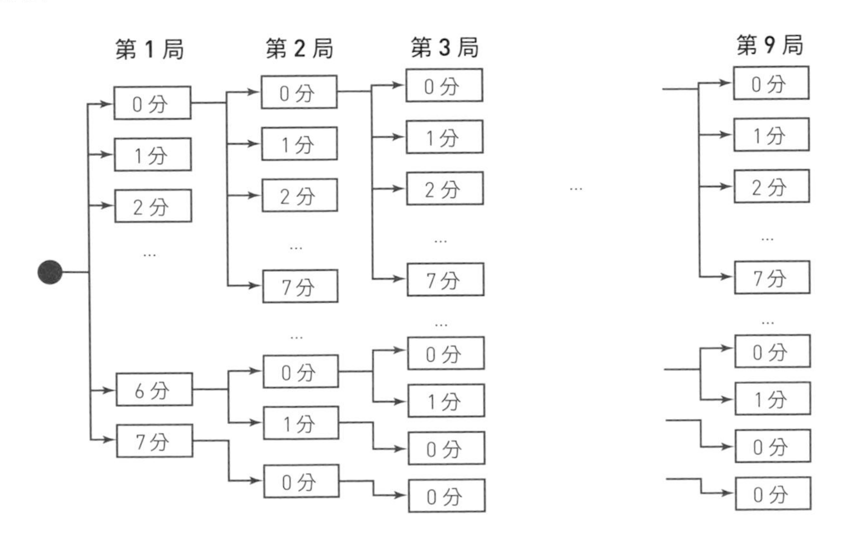

以這次先攻隊伍的 7 分總分為例，第 1 局有 0 至 7 分的 8 種可能，第 2 局則有 0 分與總分 7 分扣掉第 1 局分數的模式。

根據上述的方法計算到第 8 局之後，最後不足的分數就是第 9 局的分數。換言之，根據剩下的局數與不足的分數計算得分模式的函數可寫成下列的內容。

q02.py

```
def search(turn, point):
    if turn == 1: # 假設剩下 1 局，就只有 1 種模式
        return 1

    result = 0
    for i in range(point + 1): # 依序計算每 1 分
        result += search(turn - 1, point - i)

    return result
```

STEP 2 接著思考後攻隊伍的得分模式。假設最終是先攻隊伍獲勝，後攻隊伍就得打九局下半，所以可仿照計算先攻隊伍得分模式的方法計算。真正的問題在於後攻隊伍獲勝的情況。

當後攻隊伍獲勝，球賽就分成後攻隊伍只打完第 8 局下半的情況以及先攻隊伍一直領先或是同分至第 8 局為止，第 9 局下半再由後攻隊伍獲勝的情況。我們要分別計算這兩種情況的得分模式，再加總這兩種情況的得分模式。

後攻隊伍只打到第 8 局下半的情況相對簡單，只需要呼叫計算先攻隊伍得分模式的函數 8 次即可。

接下來讓我們思考一下後攻隊伍在第 9 局下半獲勝的得分模式有幾種。在這種情況下，必須比較先攻隊伍打完第 9 局上半的分數以及後攻隊伍打完第 8 局下半的分數。假設是 2 比 6，後攻隊伍獲勝的情況，那麼到第 8 局之前，後攻隊伍獲得的分數肯定是 0、1、2 其中一種。

Point 只要確定後攻隊伍 1 ～ 8 局的分數，第 9 局的得分也會自動確定。

根據上述的原則可寫出下列的程式。

q02.py（接續）

```
def calc(senkou, koukou):
    # 先攻隊伍不論勝敗，都要打滿 9 局
    senkou_pattern = search(9, senkou)

    if senkou > koukou: # 先攻隊伍獲勝時
        # 後攻隊伍需要打九局下半
        koukou_pattern = search(9, koukou)
    else: # 先攻隊伍落後時
        # 只需要打完第 8 局的情況
        koukou_pattern = search(8, koukou)
```

```
        # 根據先攻隊伍的分數決定是否要打第 9 局
        for i in range(senkou):
            # 算出第 1 ～ 8 局的得分模式後，第 9 局為不足的分數
            koukou_pattern += search(8, i)

    return senkou_pattern * koukou_pattern

print(calc(7, 8))
```

由於這次的條件是沒有延長賽，局數最多只有 9 局，兩隊分數也都在 10 分以下，所以上述的程式可瞬間算出答案。

假設兩隊的分數會高達 20 分至 30 分，就有必要利用「記憶化」技巧加快計算速度。

Point 這次的問題其實可改以數學的方式解決，也就是利用「重複組合」的方式計算。以這次的問題為例，於第 1 ～ 9 局取得 7 分的得分模式與利用 8 根棒子間隔 7 個 0 的情況是一樣的，因此可利用 ${}_{9}H_{7} = {}_{15}C_{7}$ 的公式算出得分模式。

答案 ➔ 60,733,530 種

Q03 持續顯示相同數字的七段顯示器

電子計算機很常使用「七段顯示器」顯示數字，這種七段顯示器可根據七個位置的顯示狀況顯示 0 ～ 9 的數字。

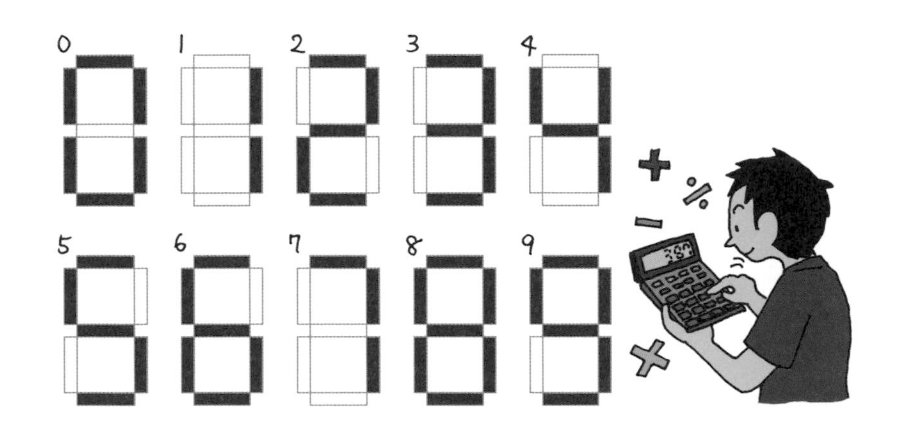

這次要在利用一整排七段顯示器顯示多位數的數字時，計算有哪些位置亮起，再計算各位數發亮處的「乘積」，接著再於相同的顯示器顯示該乘積，然後再次進行上述的計算。

以「718」為例，「7」的發亮處有 3 個，「1」的發亮處有 2 個，「8」的發亮處有 7 個，所以乘積為 3×2×7=42，所以下個數字為「42」。「42」的「4」的發亮處有 4 個，「2」有 5 個，所以

4×5=20，所以下個數字為「20」。「20」的「2」的發亮處有5個，「0」有6個，所以5×6為30，下一個數字為「30」。

「30」的「3」的發亮處有5個，「0」有6個，所以下個數字為5×6=30，也就是「30」。換言之，若從「718」開始計算，會得到「718」→「42」→「20」→「30」→「30」→…這個以「30」為最後一個數字的循環，而這個循環之中，共有「718」「42」「20」「30」這四種數字。

問題 若從「**123456**」開始計算，請問連同第一個數字也納入計算，總共會出現幾種數字。

思考邏輯 為了確認曾顯示的值，必須將這些值存在列表裡面，接著自訂函數，計算每個位數的發亮處數量，以及各位數發亮處數量的乘積。

提示 要從題目的數字取得各位數的值，可先將數字轉換成字串（強制轉型），再將每個位數的值拆開來（Python的str函數可將數值轉換成字串，也可利用list函數依照位數拆散字串）。接著還要將拆解之後的字串轉換成數值（強制轉型）（Python可利用int函數將字串轉換成數值）。

解說

由於單一的七段顯示器的發亮處數量是固定的，將這個數量存入列表，就能利用索引值算出發亮處的數量。

例如「0」的發亮處為 6 個，「1」為 2 個，「2」為 5 個，所以可建立 [6, 2, 5,5, 4, 5, 6, 3, 7, 6] 這種列表。要根據七段顯示器的數值計算發亮處的數量，必須先將該數值的每個位數拆解成獨立的數值，之後再計算乘積。根據上述內容自訂的函數如下。

q03.py

```
def light(n):
    display = [6, 2, 5, 5, 4, 5, 6, 3, 7, 6]
    result = 1
    for i in list(str(n)):
        # 讓每個位數的發亮處數量相乘
        result *= display[int(i)]

    return result
```

Point 只要先根據各位數的發亮處數量建立列表，就能利用索引值取得各位數的發亮處數量。

由於這次需要儲存已搜尋過的資料，所以建立了 log 這個列表，將已搜尋過的資料存入這個列表。這個列表的尾端是最後一筆資料，所以會將這筆資料傳給剛剛的函數，藉此取得發亮處數量。

假設過去曾顯示過這個數值就結束運算，否則就將這個數值放入 log 列表再繼續相同的運算。

q03.py（接續）

```
# 將第一個資料存入 log 列表
log = [123456]

while True:
    # 取得列表尾端數值（最後一筆資料）的發亮處數量
    n = light(log[-1])
    if n in log:
        # 假設曾顯示過這個數值就結束運算
        break

    # 該數值若未曾顯示就新增至列表
    log.append(n)

print(len(log))
```

答案 ➔ 9 個（123456 → 6000 → 1296 → 360 → 180 → 84 → 28 → 35 → 25）

Q04 質因數分解

在演算法題目之中，「質數」算是最常用來出題的數字之一。所謂的質數就是大於等於 2 且除數為「1」與「自己」的自然數。若由小排列至大，可得到 2、3、5、7、11、13、17、19、……直到無限大的數字。

要判斷數值是否為質數，可利用小於等於該數值的自然數除之，確認有沒有自然數可整除。假設要判斷 19 是否為質數，可試著利用 2、3、4、…、18 除以 19，假設都除不盡，就能判定 19 為質數。例如 $\sqrt{19} = 4.35$，當除到 5 除不盡的時候，就能判斷 19 為質數。

Point 如果 19 能被一個大於 5 的數整除，代表該商數會比 5 還小。由於是從小的數字開始除，所以 19 應該會被該商數除盡才對。以 18 為例，18 能被 6 除盡，而商數為 3，先以 18 除 3 時，就會知道 18 不是質數。

以質數的乘積代表正整數的方式稱為質因數分解，應該有不少人曾在小學學過這個數學才對。比方説，將 12 或 210 進行質因數分解，可得到下列的結果。

$$12 = 2 \times 2 \times 3 \qquad 210 = 2 \times 3 \times 5 \times 7$$

這麼小的數值還能以手動執行質因數分解，但數字一大，連電腦都很難快速算出，所以 RSA 加密或其他的安全性措施都很常用到這種質因數分解設計。

問題 雖然要替很大的值進行質因數分解需要特殊處理，但這次請大家試著以從小至大的數值替 **123456789** 這個值進行質因數分解的計算。

123456789
= ?x ?

思考邏輯 雖然質因數分解就是質數的乘積，但要從較小的數值開始除，再判斷是否能整除的話，不需要判斷該值是否為質數。比方說，若一直以 2 除，除到無法再除時，會得到奇數，之後再以 3 繼續除，除到無法繼續除的時候，會得到 3 的倍數以外的數值，由此可知，只要從較小的數值開始除，再判斷是否能除得盡，就能完成質因數分解的計算。

要顯示質因數分解的結果，可將被整除的數值存入列表，最後再以「X」這個字元合併這個列表的值。

解說

STEP 1 這次要根據題目的數值建立傳回質因數分解列表的函數。這個函數會先從較小的數值依序除以之前取得的質數，假設除得盡，就將該數值存入列表，然後繼續進行相同的處理。此時會不斷地以相同的數值除，直到除不盡為止。

最後剩下的數值會是質數，所以將這個質數存入列表之後，質因數分解列表就完成了。由於是從小的數值開始除，所以不用判斷除數是否為質數（因為比這個數值還小的質數已經除得盡才對）。

Point 從較小的數值開始除，直到除不盡的時候，不需要思考該數值是否為質數，也能完成質因數分解計算。

STEP 2 接著以「×」這個字元合併質因數分解結果的列表。由於列表的元素都是整數，所以得轉換成字串。這部分可利用 Python 的 str 函數進行。此外，只需要執行 join 就能合併列表。

```
q04.py
def factor(n):
    if n == 1:
```

```
        return [1]

    # 儲存結果的列表
    result = []
    div = 2 # 從 2 開始依序除
    while div * div <= n:
        if n % div == 0:
            # 除得盡就新增至列表
            result.append(div)
            n //= div
        else:
            # 除不盡就以下個數值繼續除
            div += 1

    if n != 1:
        # 最後的數值一定是質數，所以要新增至列表
        result.append(n)
    return result

# 以「×」合併再輸出
print('×'.join([str(i) for i in factor(123456789)]))
```

答案 ➔ 3×3×3607×3803

Q05 圓桌換位子

假設 1 名老師與 4 名學生一起坐在圓桌旁邊。途中 5 人換了座位，而且旁邊的人都不一樣。如果一開始是左圖的情況，換位子之後，變成中圖與右圖的情況，所有人的旁邊都坐了不同的人。假設老師不需要換位子，那麼總共會有下列這兩種結果。

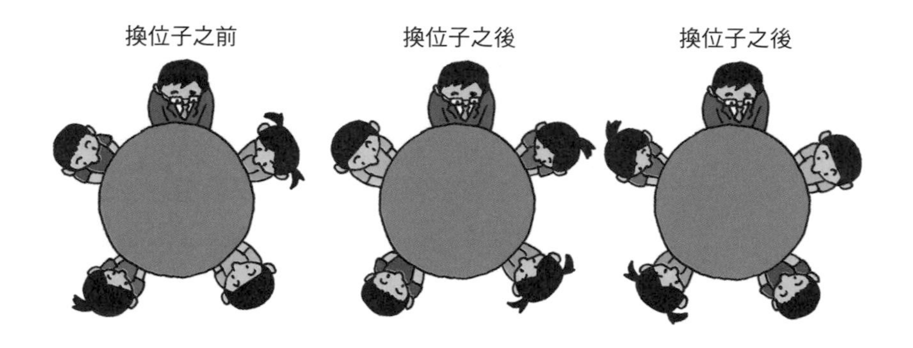

問題 當老師有 1 人，學生有 9 人，請問在換位子之後，兩邊的人都與本來不同的排列順序會有幾種？

思考邏輯 先建立老師與學生座位的列表，再假設老師不需要換座位。在學生換完座位，依序將學生排入這個列表之後，若兩側的座位坐著與原本不一樣的人，又能排入所有學生的話，這種排列方式就算成立。

假設在列表裡，未配置學生的位置為 -1，老師的位置為 0，學生的位置從 1 開始編號，那麼在換座位之前的排列方式為「列表位置」與「學生與老師的編號」都存在的狀態。

雖然這次的題目是圓桌，但其實可利用一維列表呈現圓桌的排列方式，只要在抵達列表的尾端時回到列表的開頭，就能簡單明瞭地呈現圓桌的排列方式。

提示 以順時鐘的方向將學生排入列表時，右側的座位等於列表位置減 1，左側的位置等於列表位置加 1。在列表的最後一個元素加 1 時，會超過列表的範圍，所以只要以列表的元素數量除之，再使用餘數計算，就能算出與最後一個元素相鄰的數值。

解説

STEP 1 一開始先建立代表圓桌座位的列表，並且將所有元素初始化為 -1（未配置）。由於老師的位置是固定的，所以將第 0 個元素設定為「0」，再以迴歸的方式搜尋排列方式，直到這個列表的所有元素都設定了數字為止。

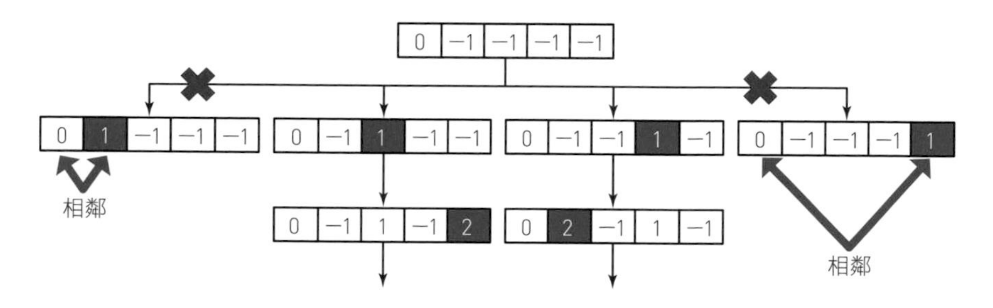

Point 由於要以迴歸的方式進行搜尋，所以在配置與確認相鄰的狀態之後，必須讓配置在該位置的人回到原位，而這次的做法則是設定未配置狀態為「-1」。

STEP 2 從頭開始依序搜尋未配置的位置，再確認相鄰的兩側是否與換位置之前是不一樣的人。此時右側的位置就是列表索引值減 1 的位置，左側的位置就是列表索引值加 1 的位置，接著確認相鄰的學生編號是否未曾配置過。

q05.py
```
n = 10
```

```
def check(ary, m):
    if m == 0: # 所有人都排入位子就結束搜尋
        return 1

    cnt = 0
    for i in range(1, n): # 依序搜尋位置
        if ary[i] < 0:      # 未配置的時候
            if (ary[i - 1] != m - 1)\
            and (ary[i - 1] != (m + 1) % n)\
            and (ary[(i + 1) % n] != m - 1)\
            and (ary[(i + 1) % n] != (m + 1) % n):
                # 兩側的人與換位置之前不同時再配置
                ary[i] = m
                cnt += check(ary, m - 1)
                ary[i] = -1 # 確認完畢後，還原為未配置

    return cnt

ary = [-1] * n
ary[0] = 0 # 將老師配置在第 0 個元素的位置
print(check(ary, n - 1))
```

答案 ➔ 29,926 種

Q06 利用相同的數字夾住其他數字

假設眼前寫著數字 1 ～ n 的卡片各有兩張，另外還有一張鬼牌。將這些卡片排成一列時，數字相同的卡片之間的卡片張數必須與該數字相符（只有鬼牌不需符合這項條件）。

以 1、2、3 的卡片各有兩張，鬼牌為「0」的情況為例，可得到下列的排列方式

不管是上述的哪種排列方式，數字為 1 的卡片之間，只挾了一張卡片，數字為 2 的卡片之間有兩張卡片，數字為 3 的卡片之間，有三張卡片。

n ＝ 5 的時候，有下列這些排列方式。

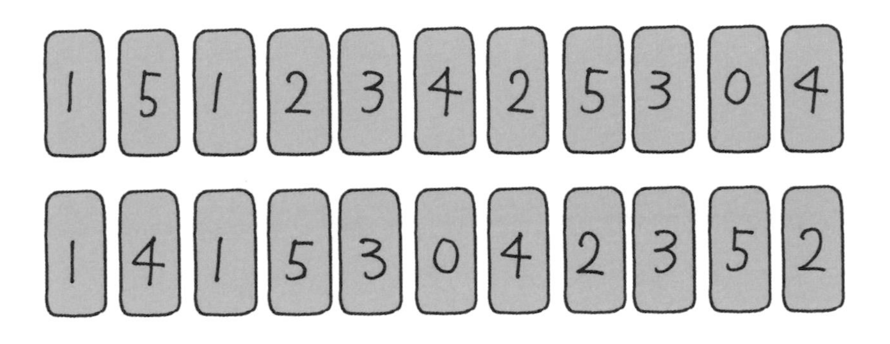

問題 當 n ＝ 9 的時候，請計算鬼牌位於最右側之際的排列方式有幾種，同時算出鬼牌的位置是從左側數來的第幾張。

思考邏輯 一旦決定了左側卡片的位置，右側卡片的位置也會跟著決定，所以這次要依序決定左側卡片的位置，再確認能否於右側卡片的位置配置卡片。假設可以配置，就配置下一張卡片，如不能配置，就調整左側卡片的位置。假設配置了所有卡片，鬼牌又位於最右側的話，就能結束計算。

一開始先將所有卡片初始化為「0」，接著依序排入數字。若能排完所有數字而且只剩一個 0，0 的位置就是鬼牌的位置。

解說

STEP 1 由於 1 ～ n 的卡片各有兩張，還有一張鬼牌，所以要先建立一個能儲存 $2n+1$ 張卡片的列表，再將所有的列表元素設定為 0，然後從左側開始，依序配置卡片。

雖然可從數字為 1 的卡片開始排列，但這種情況應該反過來由大至小排列比較有效率，因為排列的次數會不一樣。

以 $n=9$ 為例，此時卡片共有 19 張，所以在左邊第 1 格放入 1 之後，共有 17 種排列方式（因為右側卡片一定是 1，中間要空 1 格），反之，如果在左邊第 1 格放入 9，此時就只有 9 種排列方式（右側卡片一定是 9，中間要空 9 格）。

Point 光是改變搜尋順序就能減少搜尋量，也能縮短處理時間。

STEP 2 由於決定左側卡片的位置之後，就能根據中間的卡片張數計算右側卡片的位置，之後只需要確認該位置是否尚未排入卡片以及進行迴歸式搜尋。假設所有卡片都排入位置，即可傳回鬼牌的位置，再從中傳回最大的鬼牌位置即可結束計算。

```
q06.py
def search(n, card):
    if n == 0:
        return card.index(0)

    joker = [-1]
    for l in range(len(card) - n - 1): # 左側卡片
        r = l + n + 1                   # 右側卡片
        if (card[l] == 0) and (card[r] == 0):
            # 未配置卡片的情況
            card[l], card[r] = n, n
            # 迴歸式搜尋與新增鬼牌的位置
            joker.append(search(n - 1, card))
            card[l], card[r] = 0, 0


    # 傳回最大的鬼牌位置
    return max(joker)

n = 9
print(search(n, [0] * (n * 2 + 1)) + 1)
```

答案 ➔ 第 18 張（例：1、4、1、5、6、7、4、8、9、5、3、6、2、7、3、2、8、0、9）

Q07 在數數遊戲之中，先攻的人獲勝有幾種模式？

以對話方式與 AI（人工智慧）對戰的遊戲之中，「數數遊戲」算是非常有名的一款。遊戲方式是從某個數字開始輪流數數，一次最多只能喊 3 個數字，最後喊到 0 的人為輸家。

比方説，由 A、B 兩人對戰，A 從 15 開始數，若以下列的方式進行遊戲，最後 B 會是輸家。

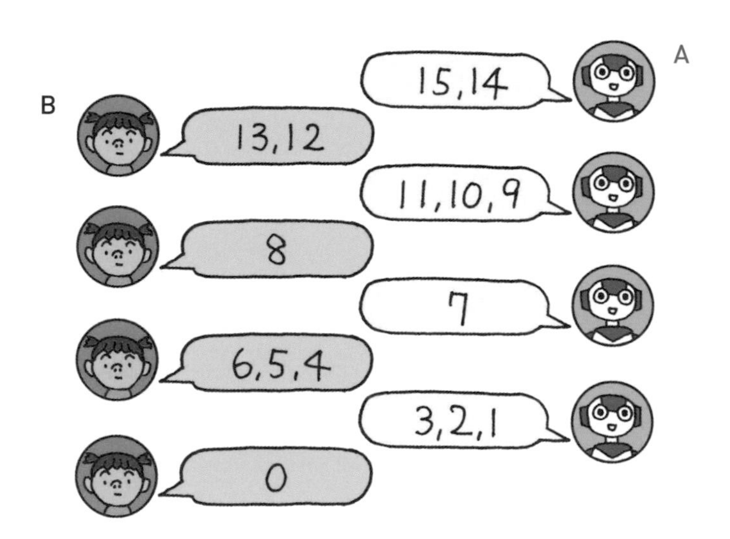

這個遊戲有個前提，就是不會出現「1,0」這種情況（只要對手喊到「1」，最後只剩「0」，另一邊就會輸掉遊戲），以免自己害自己輸掉。

假設從 5 開始喊，而且先攻的 A 獲勝時，遊戲過程會有下列 7 種。

(1)	(2)	(3)	(4)	(5)	(6)	(7)
A「5」 B「4」 A「3」 B「2」 A「1」 B「0」	A「5」 B「4」 A「3, 2, 1」 B「0」	A「5」 B「4, 3」 A「2, 1」 B「0」	A「5」 B「4, 3, 2」 A「1」 B「0」	A「5, 4」 B「3」 A「2, 1」 B「0」	A「5, 4」 B「3, 2」 A「1」 B「0」	A「5, 4, 3」 B「2」 A「1」 B「0」

若從 35 開始喊，先攻的一方會有幾種獲勝模式呢？

思考邏輯

由於是輪流喊，所以 A 與 B 的處理內容幾乎一樣，唯獨需要判斷是誰最後喊，所以要自訂一個參數為剩下的數字以及判斷換誰喊數字的函數。

攻守互換的處理可利用反轉邏輯型變數的方式執行。

解說

STEP 1 首先要根據參數傳遞的數值撰寫最多只能喊三個數字的處理。由於這時候要判斷是哪邊喊數字，所以要將邏輯型變數設定為參數。以迴歸的方式執行這段處理，再於該函數執行攻守互換的處理。

Point 將邏輯型變數的 True 設定為先攻，False 設定為後攻之後，可利用 not 運算子執行輪流喊數字的處理。換言之，只要有一邊喊完數字，攻守就會互換。

STEP 2 雖然先攻與後攻都是以一樣的方式喊數字，但喊到「0」的處理是不一樣的。由於這次的條件是先攻的一方獲勝，所以先攻的一方喊到「0」，也就是落敗的時候，不列入計算，只計算後攻的一方喊到「0」的情況，因此當先攻的一方喊數字就傳回「0」，後攻的一方喊數字就傳回「1」。

這次的程式將「if」與「else」寫成一行。Python 可利用下列的語法將 if 與 else 寫成一行，然後傳回值或代入值。

```
條件成立時的值 if 條件 else 條件不成立時的值
```

在喊 1 個、2 個、3 個數字的時候判斷是否分出勝負，再傳回這些情況的總和。

STEP 3 由於會出現很多次一樣的情況，若不改良程式碼，可能得花不少時間計算。不過，若使用「記憶化」技巧，就能瞬間完成計算。

q07.py
```
from functools import lru_cache

@lru_cache(maxsize=1000)
def say(n, player):
    if n == 0:
        # 最後喊數字的情況
        return 0 if player else 1

    cnt = 0
    for i in [1, 2, 3]: # 最多只能喊 3 個數字
        if n - i >= 0:  # 可以喊數字的情況
            cnt += say(n - i, not player)

    return cnt

print(say(35, True))
```

答案 ➔ 566,218,426 種

Q08 棒子長度縮至最小的吊飾

吊飾是很時髦的室內裝潢，是一種利用線與棒子吊起各種裝飾，同時讓這些裝飾保持平衡的飾品，許多小孩的玩具也會做成這類形式。

這次要思考的是利用線與棒子替 n 個一樣大的飾品保持平衡的問題。要注意的是，棒子的長度為整數，線只能綁在棒子能以整數除盡的位置。

一般來說，一根棒子會綁很多個吊飾，但這次為了簡化問題，只在「棒子的兩端」綁吊飾，此外，在拿捏平衡的時候，排除線與棒子的重量。以 $n = 4$ 為例，可出現下列這些吊法。

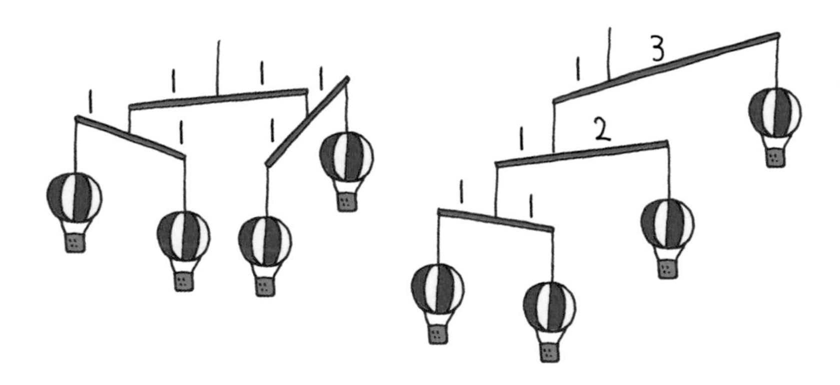

從這兩張圖可以發現，左圖的棒子總長為 6，但右圖的棒子總長為 9，而這次要計算的就是最短的棒子總長。以 $n = 5$ 為例，以下圖方式懸吊，就能得到最小值 11。

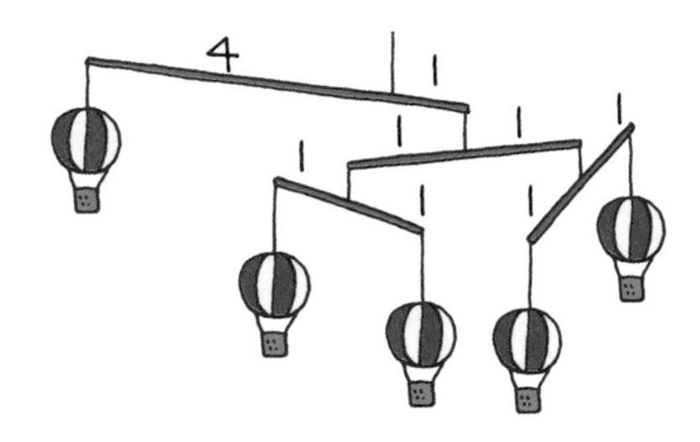

問題 當 $n = 300$，請找出棒子總長最短的吊法，同時以標準輸出的方式輸出當下的棒子總長。

思考邏輯 這題目其實與翹翹板保持平衡一樣，是與「力距」是否對稱有關，換言之，就是與距離支點的長度以及重量有關，這代表棒子兩側的吊飾數量與距離支點的長度必須相同。

讓我們利用迴歸的方式尋找位於所有支點兩側的吊飾數量，藉此算出最短的棒子總長。

解說

STEP 1 即使兩側的重量互換位置，棒子長度的組合也不會改變，所以若是有 n 個吊飾，只需要調查單邊的重量，也就是 $1 \sim \frac{n}{2}$ 種的重量即可。

接著讓我們思考棒子的長度。假設一邊吊 1 個，另一邊吊 5 個，此時的棒子長度比例為 5：1，總長則是 6，若一邊吊 2 個，另一邊吊 4 個，棒子的長度比例就是 4：2，也就是 2：1，所以棒子總長為 3，假設兩邊各吊 3 個，那麼棒子長度就是 3：3，也就是 1：1，換言之總長為 2。

由此可知，以兩邊重量的最大公約數可除出答案。這意思是，1 與 5 的最大公約數為 1，所以棍子總長為 6÷1 ＝ 6，2 與 4 的最大公約數為 2，所以棍子總長為 6÷2 ＝ 3，而 3 與 3 的最大公約數為 3，所以棍子總長為 6÷3 ＝ 2。

Point 要於 Python 計算最大公約數可使用 math 模組的 gcd 函數。

STEP 2 雖然可撰寫以兩端的吊飾數量進行迴歸搜尋的函數，但這麼做會不斷地出現參數為相同數值的情況，所以要利用「記憶化」技巧改良程式。此外，還要以極大值比較棍子總長，藉此算出最短的棍子總長。

```
q08.py
from functools import lru_cache
import math

@lru_cache(maxsize=1000)
def check(n):
    if (n == 0) or (n == 1):
        return 0

    mins = [99999999] # 設定極大值
    for l in range(1, n // 2 + 1):
        r = n - l
        # 以棍子兩端的吊飾數量計算最大公約數
        gcd = math.gcd(l, r)
        # 以迴歸的方式搜尋，再將搜尋結果存入列表
          mins.append(check(l) + check(r) + n //
gcd)

    # 傳回列表之中的最小值
    return min(mins)

print(check(300))
```

答案 ➔ 611

Part 3 一邊解題，一邊改造程式碼

Q09 不斷地堆疊箱子，同時避免箱子傾倒

這次要試著堆疊邊長為整數的箱子，但上方的箱子必須比下方的箱子小，否則會有傾塌的危險。

這裡說的「小」是指長與寬都比較短的情況，換言之，將箱子放在下層箱子的中間時，以俯視的角度可看到下層箱子的輪廓。此外，箱子應該整齊地放置，不要放成傾斜的角度。

假設有 3 個箱子，上方表面面積的總和為 20 時，共有下列四種堆疊方式。此外，就算是同樣大小的箱子，只要長寬的方向不同，就算是另一種堆疊方式。

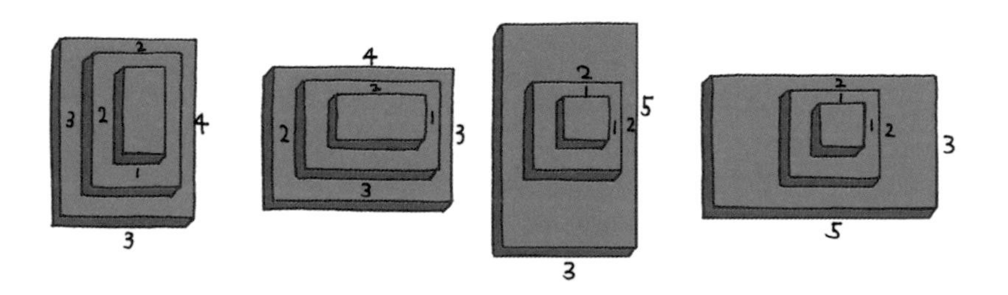

同理可證，若箱子有 2 個，上方面積的總和為 14，總共可疊出下列 8 種模式。

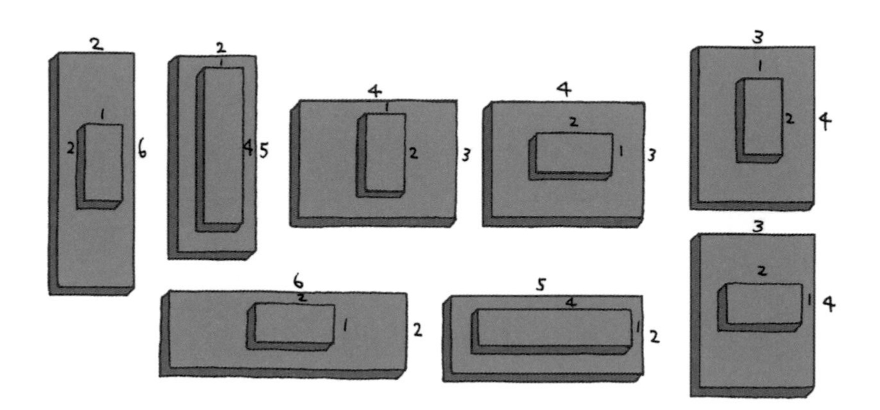

問題 當箱子有 7 個，上方面積的總和為 216 時，共有幾種堆疊方式呢？

提示 根據邊長較小的箱子決定立方體的上方面積，找出較大的立方體放在下層。由於邊長是整數，所以最短的單邊邊長會是 1，最長的邊長可根據面積計算。

解說

STEP 1 上方面積可利用「長 × 寬」的公式計算。只要調整長與寬的長度，就能算出各種形狀。這次要由小至大計算面積，所以要讓長與寬逐步遞增。

要注意的是，這次要在題目設定的面積之內計算。假設找到符合題目規定的立方體數量與總面積即可結束搜尋。

這次一樣要自訂以迴歸方式搜尋的函數，參數則包含剩下的立方體數量、剩下的上方面積以及寬度與長度。一開始會先將長度與寬度指定為 0，再慢慢讓長與寬的長度遞增。

Point 以這次的箱子的數量以及面積總和來看，參數內容相同的情況比較沒那麼頻繁出現，所以不需要使用「記憶化」技巧，但是當數字變大，就有必要使用「記憶化」技巧。

STEP 2 就算設定了長度與寬度，但下層立方體的上方面積還是會比現在的大小更大。換言之，當剩下的立方體數量與現在的面積相乘時，若比剩下的面積還要大，代表不可能搜尋到符合條件的情況，所以只需要搜尋符合這個範圍的面積即可。

q09.py

```
from functools import lru_cache

@lru_cache(maxsize=100)
def search(box, area, x, y):
    if (box == 0) and (area == 0):
        # 全部的箱子都做好就可以結束搜尋
        return 1
    if (box <= 0) or (area <= 0):
        # 否則就失敗
        return 0

    cnt = 0
    for w in range(x + 1, area + 1):
        for h in range(y + 1, area // w + 1):
            if (box - 1) * (w * h) < area:
                # 假設上方面積還在範圍之內就繼續搜尋
                cnt += search(box - 1, area - w * h, w, h)

    return cnt

print(search(7, 216, 0, 0)) # 從長寬的長度為 0 開始搜尋
```

答案 ➔ 136 種

Q10 青蛙跳遊戲的移動次數？

接著讓我們試著將知名的「青蛙跳遊戲」標準化。假設眼前有 9 個格子，左側三格有準備往右邊前進的 3 隻青蛙，右側三格也有準備往左前進的 3 隻青蛙。每 1 格格子只能容納 1 隻青蛙，一次只有 1 隻青蛙能夠移動。

這次要思考的是這些青蛙左右互換位置的情況（往右的青蛙全部跳到右邊，往左的青蛙全部跳到右邊）。

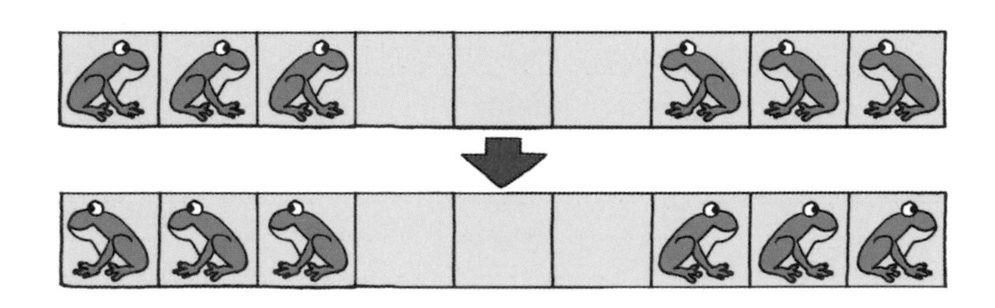

假設前方的格子是空的，這些青蛙就能跳到格子裡。此外，就算旁邊有青蛙，只要後面的格子是空的，青蛙就能越過青蛙，跳進格子裡。

青蛙沒辦法一次跳過 2 隻以上的青蛙，也不能跳過方向相同的青蛙，當然也不能往回跳。

問題 請根據上述的條件算出最短的移動次數。此外，兩邊的青蛙不需要輪流移動，所以從哪邊開始都可以，同方向的青蛙連續移動也沒問題。

思考邏輯 假設總共有 5 個格子，左邊 2 格有 2 隻要往右的青蛙，右邊 2 格有 2 隻要往左的青蛙，只要依照下列插圖的步驟移動，8 次就能達成左右互換的目的。

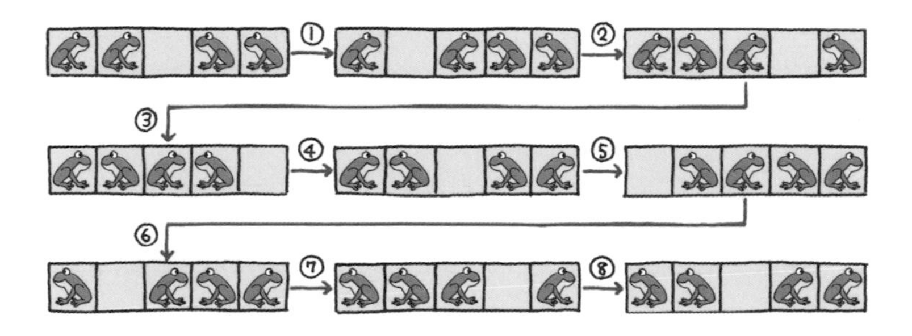

由於不能跳過同方向的青蛙，所以從左側出發的青蛙只能在右側的格子是空著的，或是右側有 1 隻反方向的青蛙才能移動。從右側出發的青蛙也只能以相同的方式移動。

提示 在這個題目中，從第一個位置開始單向搜尋就能算出答案，所以這次還要請大家思考一下，如果格子增加了，該怎麼改造程式。

解說

STEP 1 有很多種不同的程式寫法可以表達青蛙的位置，本範例使用的是字串。像這次有 9 個格子、左側 3 隻青蛙、右側 3 隻青蛙的情況來看，可利用「RRR___LLL」的字串呈現格子與青蛙的位置。

根據「思考邏輯」的內容可以發現，青蛙的移動模式總共有四種，移動前與移動後的情況可參考下列的表格。

	跳過右側的青蛙	跳過左側的青蛙	右側為空白	左側為空白
移動前	RL_	_RL	R_	_L
移動後	_LR	LR_	_R	L_

為了找出最短的移動次數，可一邊從起點移動文字的位置，一邊以寬度優先的方式搜尋，只要抵達終點就算搜尋完畢，而所謂的終點就是原始的字串以顛倒的順序排列。

Python 可利用 reverse 與 reversed 這兩個函數讓字串與列表的順序填倒，但其實要取得部分字串的話，使用「切片」（slice）這項功能會更加方便。比方說，要讓變數 start 的字串反轉，只需要把程式寫成「start[::-1]」即可。我們就試著利用切片功能解題吧！

q10_1.py
```
n, a, b = 9, 3, 3
```

```
start = 'R' * a + '_' * (n - a - b) + 'L' * b
goal = start[::-1]    # 顛倒排列順序

# 設定移動模式（移動起點→移動目的地）
move = {'RL_': '_LR', '_RL': 'LR_', 'R_': '_R', '_L':
'L_'}

# 將開始位置設定為佇列
queue = [[start, 0]]
while len(queue) > 0:
    # 只要還有佇列，就取出佇列開頭的內容
    now, depth = queue.pop(0)
    for m in move:
        # 依序搜尋符合移動模式的情況
        for i in range(len(now) - len(m) + 1):
            if now[i:i + len(m)] == m:
                # 找到符合的移動模式就改寫成移動目的地的內容
                t = now[:i] + move[m] + now[i + len(m):]
                if t == goal:
                    # 當改寫之後的內容與終點一致就結束搜尋
                    print(depth + 1)
                    exit()
                if t not in [j[0] for j in queue]:
                    # 如果佇列沒有改寫之後的內容，就將該內容新增至佇列
                    queue.append([t, depth + 1])
```

STEP 2 以這次的題目規模而言，上述的程式應該能瞬間算出答案，但如果題目放大成有 15 格，兩側各有 6 隻青蛙的話，就得耗費更多時間計算，筆者的電腦就足足花了 3 分鐘以上才算出答案。

這時就可試著使用雙向搜尋的技巧，也就是從起點與終點開始搜尋，一旦雙方搜尋到相同的值就能結束搜尋。以 Part 2 介紹的技巧撰寫程式的話，就算格子有 15 格，大概幾秒鐘就能算出答案※。

※ 在介紹 Part 2 的雙向搜尋時，曾為了確認列表有無重複資料而自訂了函數，但這次只需要確認數值是否重複，所以只利用集合的「& 運算子」確認。

q10_2.py
```
n, a, b = 9, 3, 3

start = 'R' * a + '_' * (n - a - b) + 'L' * b
goal = start[::-1]    # 顛倒排列順序

# 設定移動模式（移動起點→移動目的地）
move_fw = {'RL_': '_LR', '_RL': 'LR_', 'R_': '_R', '_L': 'L_'}
move_bw = {'_LR': 'RL_', 'LR_': '_RL', '_R': 'R_', 'L_': '_L'}

def get_next(queue, move):
    result = set([])
    for q in queue:
        for m in move:
            # 依序搜尋符合移動模式的情況
```

```
        for i in range(len(q) - len(m) + 1):
            if q[i:i + len(m)] == m:
                # 找到符合的移動模式就改寫成移動目的地的內容，再將
                  改寫的內容新增至佇列
                    result.add(q[:i] + move[m] + q[i +
len(m):])

    return result

# 將開始位置設定為佇列
fw, bw = set([start]), set([goal])
depth = 1
while True:
    # 搜尋往右移動的情況
    fw = get_next(fw, move_fw)
    if len(fw & bw) > 0:
        break
    depth += 1

    # 搜尋往左移動的情況
    bw = get_next(bw, move_bw)
    if len(fw & bw) > 0:
        break
    depth += 1

print(depth)
```

答案 ➔ 27 次

Q11 高效率的家庭式餐廳

這次要探討的是依照客人人數移動桌子的家庭式餐廳。如果 1 個人或 2 個人的客人坐在 4 人座的桌子，空下的座位就形同浪費，所以要調整 2 人座桌子的位置，盡可能讓所有座位都坐滿。

讓我們想想看如果已經知道有幾張 2 人座的桌子，也知道店裡來了多少客人時，桌子會有幾種排列的方式。假設客人坐在哪張桌子的哪個位置都一樣，桌子也不需要特別區分位置。

換言之，下列的配置都算是同一種。

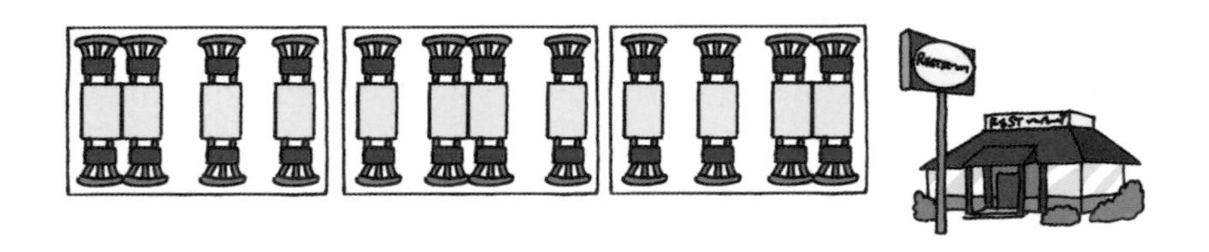

另一個條件是不讓客人併桌，即使客人只有 1 名，就讓客人坐 2 人座的桌子，如果客人有 3 人，就使用兩張 2 人座的桌子。此外，不能出現沒客人坐的桌子。

假設桌子有 3 張，客人有 5 人，總共能坐成下列四種模式。

問題 當桌子有 **50** 張，客人有 **80** 名，總共會有幾種坐法（團客人數）呢？

思考邏輯 不必特別區分客人坐在哪裡，只需依每組團客人數決定位置，換言之，可從人數較少的團客開始安排座位，所有的客人都就位後，就等於算出答案。由於這次使用的是 2 人座的桌子，所以當剩下的客人多於桌子數量的 2 倍，就無法安排座位。

提示 請試著利用 1 個公式呈現團客入座所需的桌子數量，規則大致上是，1 或 2 位客人時需要 1 張桌子，3 或 4 位的時候需要 2 張桌子，5 或 6 位客人時需要 3 張桌子依序遞增。

解說

為了從人數較少的團客開始入座，這次的自訂函數需要的參數為剩下的桌數、客人人數以及上一批入座的人數。

這次要以迴歸的方式根據上一批入座的人數配置入座的人數（團客人數）。讓我們想想看，該如何根據人數計算桌子的數量。

一如前面的「提示」所述，當人數為偶數時，人數除以 2 就能算出需要的桌子張數，當人數為奇數時，可先加 1 位客人再除以 2，就能算出需要的桌子張數。換言之，桌子的張數就是加 1 位客人，再以 2 除之的商數（人數為偶數時，商數不會有任何變動）。

當剩下的桌子張數與客人數量都為 0，就算成功安排客人入座了。如果桌子的張數不足，或是還有桌子沒人坐就算失敗。

Point 同樣的桌數與人數會不斷出現，所以可應用「記憶化」的技巧加速計算，但要注意快取記憶體的大小。這次題目的設定為桌子 50 張、人數 80 個，所以當快取記憶體的大小為 1000，有可能會因為記憶體空間不足而花很多時間計算，就帳面來看，快取記憶體應該要指定為 4000 才足夠。

```
q11.py
from functools import lru_cache

@lru_cache(maxsize=5000)
def search(table, n, pre):
    if (table == 0) and (n == 0):
        # 當桌數與客數都為 0，即可停止運算
        return 1
    if (table <= 0) or (n <= 0) or (table * 2 < n):
        # 桌數與客數的其中之一為 0，或是客數超過桌數 2 倍就失敗
        return 0

    cnt = 0
    for i in range(pre, n + 1):
        # 利用入座人數（團客人數）確認
        cnt += search(table - (i + 1) // 2, n - i,
i)

    return cnt

# 從客人只有 1 名的情況開始搜尋
print(search(50, 80, 1))
```

答案 ➔ 588,394 種

Q12 利用埃拉托斯特尼篩法算出質數

若是想找出小於等於 200 的所有質數，可利用 **Q04** 的方式，從小的數字開始除，但是這種方法不太適合處理小於等於 1 萬或 10 萬的所有質數，因為這會耗費太多時間。

這時候通常會改以「埃拉托斯特尼篩法」尋找質數。一如右頁插圖所示，這種方法會先從自然數排除以 2、3、…、除得盡的數字，剩下來的數字就是我們需要的質數。

排除了以 2、3、5、7、11 除得盡的數字之後，就找到小於等於 $11^2 = 121$ 的所有質數。

若以這種方式尋找質數，小於等於 200 的質數總共可找到 46 個。

小於等於200的質數
2, 3, 5, 7, 11, 13, 17, 19, 23, 29, 31, 37, 41, 43, 47, 53, 59, 61, 67, 71, 73, 79, 83, 89, 97, 101, 103, 107, 109, 113, 127, 131, 137, 139, 149, 151, 157, 163, 167, 173, 179, 181, 191, 193, 197, 199

問題 找出小於等於 10 萬的所有質數。

思考邏輯 先將要尋找的數字放入列表，再從列表之中較小的數字開始除，看看能否整除，再將除不盡的數字留在列表裡，就能打造出只剩質數的列表。

提示 若要讓除不盡的數字留在列表裡，可使用列表推導式。

解説

STEP 1 經過調查之後發現，在大於等於 2 的質數之中，只有 2 是偶數，所以一開始可先將 2 放進質數列表，之後再陸續放入找到的質數。

由於剩下的質數都是奇數，所以可建立一個只有奇數的列表，接著再以前面的數字依序除以後面的數字，然後保留除不盡的數字。

Point 若使用列表推導式，只需要下列 1 行程式就能建立只有奇數的列表。這個方法是從 2 開始，不斷遞增 2，直到 n 為止，並在每次遞增時加 1。

```
data = [i + 1 for i in range(2, n, 2)]
```

STEP 2 一如 **Q04** 所述，於列表搜尋時，只需要搜尋到題目設定的數字的平方根即可。此時雖然可以使用 math 模組的 sqrt 函數找出平方根，但其實可先將列表開頭的數字乘以平方，再確認是否超過題目設定的數字即可。

要從列表前面的數字開始除，就要先取得開頭的數字。開頭的數字可利用列表的索引值「0」取得，而這個值為質數。所以可先取得開頭的數字，再以這個數字除以列表裡的所有數字，接著再利用剩下來的數字建立新的列表。

```python
q12.py
def get_prime(n):
    if n <= 1:
        return []
    if n == 2:
        return [2]
    prime = [2]

    # 建立奇數列表
    data = [i + 1 for i in range(2, n, 2)]

    # 只需要搜尋到開頭數字的平方值即可
    while n >= data[0] * data[0]:
        # 由於開頭數字是質數，所以將數字新增至質數列表
        prime.append(data[0])
        # 只取出除不盡的數字
        data = [j for j in data if j % data[0] != 0]

    return prime + data

print(len(get_prime(100000)))
```

答案 ➔ 9,592 個

Q13 質因數分解之後的總和會相同嗎？

這次讓我們試著對整數進行質因數分解，再加總質因數分解所得的所有質數。以 36 為例，經過質因數分解後，可得到 2×2×3×3 這個結果，而質數總和為 2 ＋ 2 ＋ 3 ＋ 3 ＝ 10。此外，32 則可分解成 2×2×2×2×2，所以質數總和為 2 ＋ 2 ＋ 2 ＋ 2 ＋ 2 ＝ 10 。

由此可知，即使數字不同，質數總和還是有可能相同，除了上述的 32 與 36 之外，質數總和為 10 的還有 21、25、30。

除此之外，沒有別的數字的質數總和為 10，所以質數總和為 10 的數字有 5 個。

請找出質數總和為 200 的數字有幾個。

思考邏輯 之前曾在 **Q04** 以自訂函數的方式，傳回質因數分解所得的質數，再將質數放進列表。或許大家會覺得，只要使用這個函數建立一樣的列表，再加總列表裡面的所有元素，就能解決這次的題目，但其實問題遠比我們想像的複雜。

假設質數總和只是 10，那麼最多就是 2×2×2×2×2，換言之，只要算到 32 就夠了，但這次設定的質數總和是 200，該算到多少才夠呢？

單純計算的話，就是將 100 個 2 排在一起的 2^{100} 的數字。若要替如此大的數字進行質因數分解，恐怕會耗費非常多時間。

所以讓我們換個角度思考，先列出總和 200 的各種加總模式。此時可使用的數字只有質數，所以加總模式應該不會太多種。

提示 由於只需要使用質數，所以可使用 **Q12** 傳回質數列表的函數計算，至於總和為 200 這件事，代表用於加總的數字最大不會超過 200，所以可先建立一個最大數值不超過 200 的質數列表。接著，我們再找出質數加總為 200 的情況。要注意的是，有些質數會重覆出現。

解說

STEP 1 一如「思考邏輯」所述，如果使用 **Q04** 建立的質因數分析列表撰寫程式，可將程式寫得非常簡潔，但要搜尋的範圍實在太大，所以會耗費許多時間計算。

q13_1.py
```
def factor(n):   # 於 Q04 建立的函數
    …（中間省略）…
    return result

cnt = 0
for i in range(1, 2 ** 100): # 耗費非常多時間計算
    if sum(factor(i)) == 200:
        cnt += 1

print(cnt)
```

Point 上述的程式可以處理較小的數字，但只要數字一大，或是程式多執行幾次，就可能得耗費大量的時間才能算出答案。

接著要讓 200 依序扣掉質數，找出最後會扣到歸零的模式，就能找出質數加總後為 200 的模式。此時要以用過的

質數或大於這個質數的質數進行迴歸搜尋。假設扣到歸零就結束搜尋，再納入這個結果。

q13_2.py

```
from functools import lru_cache

def get_prime(n):   # 於 Q12 建立的函數
    …（中間省略）…
    return prime + data

@lru_cache(maxsize=3000)
def check(n, pre):
    if n <= 0:
        return 1 if n == 0 else 0

    cnt = 0
     for i in [j for j in get_prime(n) if j >=
pre]:
        # 使用 1 個與大於等於上個質數的質數。
        cnt += check(n - i, i)

    return cnt

print(check(200, 1))
```

答案 ➔ 9,845,164 個

Q14 施工中的十字路口在哪裡？

假設眼前有個馬路呈棋盤狀的小鎮，準備沿著道路從小鎮的左上角往右下角移動時，決定要只往右邊或下方走，而且要以最短的路徑走到目的地。不過途中的某些十字路口正在施工無法通行。以下方的插圖為例，正在施工的十字路口有兩個，此時能最快抵達右下角的路線共有 5 種。

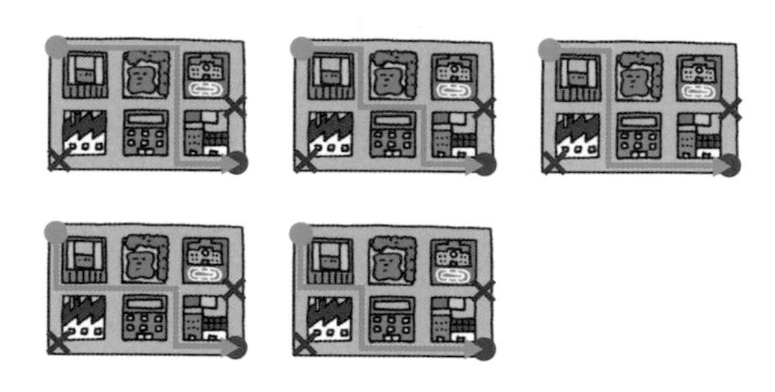

假設反過來思考路線一樣只有五種的施工處分佈模式，則可得出位於右頁插圖上排的 5 種。此時無法以最短距離抵達施工處的十字路口（前面的十字路口正在施工）無法確認是否正在施工，所以不能算是在施工的十字路口（在下層的三種插圖之中，正在施工的十字路口前方，有另一個正在施工的十字路口）。此外，假設左上角（起點）與右下角（終點）的十字路口不會施工。

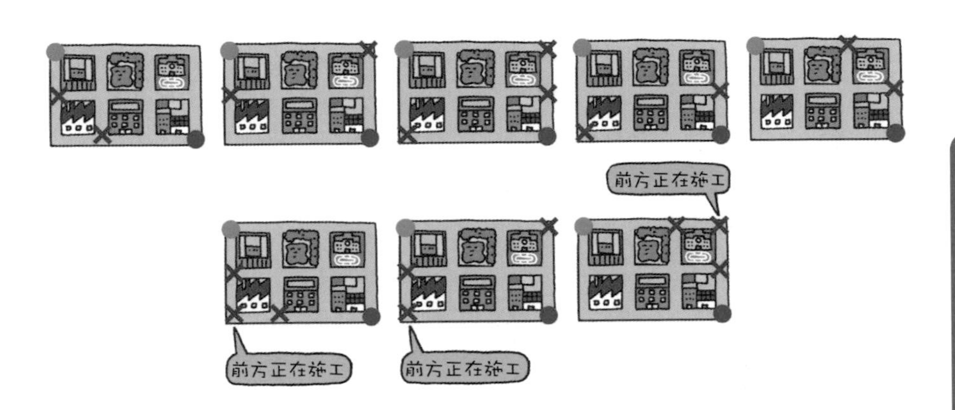

問題 假設直路有 6 條，橫巷有 5 條，最短路線共有 8 種時，正在施工的十字路口會有幾種分佈情況？

思考邏輯 一如 Part 2 所述，要計算抵達終點的道路時，可計算經過十字路口的路線數。這次可使用這個方法一邊將抵達施工中的十字路口的路線設定為 0，一邊計算從左上至右下的路線，找出抵達右下角終點的路線為 8 條的情況。

提示 利用迴歸的方式找出正在施工以及未施工的十字路口。

解説

STEP 1 這次的解題可利用 Part 2 介紹的 2 維列表呈現十字路口。一開始先將所有十字路口的路線數設定為 0，接著分別計算從上方或左方出發的路線，再加總這些路線。

假設是正在施工的十字路口，該路口的路線就保持為 0，如果想從這個路口移動到下個路口，這條路線就不能納入計算。假設是未施工的十字路口，就能讓從上方與左邊出發的路線遞增，再前往下一個十字路口。

Point 若是未施工的十字路口，可在處理結束後，將十字路口的路線數歸零，以便繼續搜尋。

STEP 2 出發時，只將左上角的起點設定為 1，接著往右走，依序取得每個十字路口的路線數。走到最右邊之後，再從下一列的左端依序取得十字路口的路線數。

以迴歸搜尋的方式執行上述處理，並且走到最後一個十字路口之後，確認走過的路線（右下角終點的路線數量）的數量是否與題目設定的路線數量一致，若不一致即代表不符合題目的要求。

q14.py
```
def search(x, y):
```

```
    if x >= w:
        return search(0, y + 1)
    if y >= h:
        return 1 if route[w - 1][h - 1] == n else 0

    cnt = search(x + 1, y) # 目前的十字路口正在施工
    if y > 0:
        route[x][y] += route[x][y - 1] # 從上方出發的路線
    if x > 0:
        route[x][y] += route[x - 1][y] # 從左側出發的路線

    if route[x][y] > 0: # 現在的十字路口未施工
        cnt += search(x + 1, y)
    route[x][y] = 0
    return cnt

w, h, n = 6, 5, 4

route = [[0] * h for i in range(w)]
route[0][0] = 1

print(search(1, 0))
```

答案 ➔ 59,070 種

Q15 只點亮右邊的燈光

晚上回到家的時候，若是家裡一片漆黑，會很難移動對吧？所以通常會在家裡不同位置各安裝一個燈光的開關。以走廊的燈光為例，通常可從玄關或客廳的開關切換。

這次要思考的是移動時，至少要有一個燈光亮著的問題。假設這次總共有 n 個燈光排成 1 排，每個燈光都可利用正對面的開關與相鄰的開關操作。

一開始只有最左邊的燈光是亮著的，然後要利用前述的開關操作成最後只有右邊的燈光是亮著的。要注意的是，操作一個開關之後，正面與兩側的燈光也會跟著亮起與熄滅（左邊與右邊的開關只能控制正面的燈光與相鄰的燈光）。

假設 $n = 4$，開關與燈光如下頁圖示各有 4 個。此時若按下左邊的開關，正前方的燈光會熄滅，只有第 2 個燈光會亮起。接著按下右邊數來第 2 個開關，燈光就會如圖所示，有 3 個燈光的狀態改變，右側 2 個燈光會亮起來，此時尚未完成只有最右邊的燈光亮起的狀態。

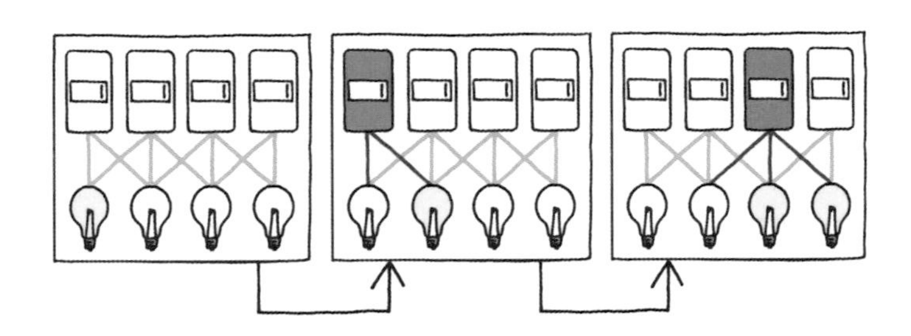

當 $n = 4$，一開始先按下左側數來的第 2 個開關，接著按下右側數來的第 2 個開關，就能達成只有右邊的燈光亮起來的狀態。換言之，只需要操作兩次開關就能達成目的。

問題 當 $n = 21$ 的時候，找出操作開關的順序以及最短次數，以便最後只有最右邊的燈光亮起。

以寬度優先搜尋的方式從只有最左邊的燈光亮起的狀態搜尋各開關的狀態，直到只有最右邊的燈光亮起為止。

燈光與開關的狀態只有「On」與「Off」兩種，所以若以二進位的位元運算撰寫程式，就能將程式寫得很簡潔。

解說

STEP 1 若問有什麼方法可以表現亮著的燈光，其中之一的方法就是二進位。二進位不只能以 0 與 1 呈現整數，還能執行位元運算。

位元運算是對整數進行的二進位運算，感覺上是對整數的所有位元進行邏輯運算。

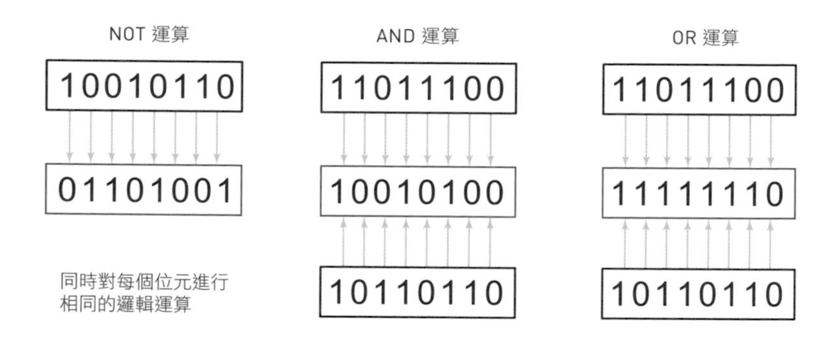

Python 內建的位元運算如下。

運算	撰寫方式	例（a=1010、b=1100 的情況）
位元反轉（NOT）	~a	0101
邏輯與（AND）	a & b	1000
邏輯或（OR）	a | b	1110
互斥（XOR）	a ^ b	0110

同時也內建了能向左右移動位元的「移位運算」，向左移動位元的稱為「左位移」，向右移動位元的稱為「右位移」。

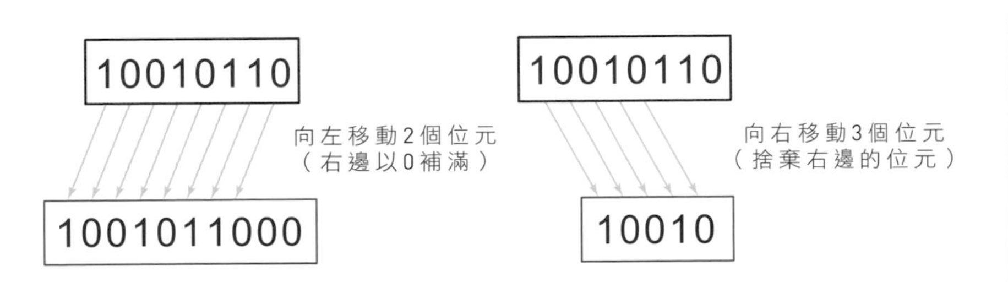

左位移運算是讓所有的位數向左移動指定的位元數，再於右側空出來的部分補 0。以二進位來看，向左位移 1 位元，數值就會變成 2 倍，向左位移 2 位元會變成 4 倍，向左位移 3 位元會變成 8 倍。

運算	撰寫方式	例（a=10110 的情況）
左位移	a<<2	1011000（向左位移 2 位元）
右位移	a>>2	101（向右位移 2 位元）

由於這次的題目是 $n = 21$，所以可利用 21 位元的整數呈現。為了方便說明，讓我們試著以位元運算解決問題設定為 $n = 4$ 的範例。

由於一開始只有最左邊的燈光亮著，所以數值為「1000」，按下左邊的開關之後，左側的 2 個燈光的狀態會改變，數值也會變成

「0100」。此時若按下右邊數來的第 2 個開關，就會有 3 處的燈光改變狀態，數值也變成「0011」。

若利用上述的二進位呈現燈光的狀態，就能利用位元運算推導出下一個狀態。

開關的操作可使用在反轉的位置設定位元的「互斥」運算。

Point 對 **2** 個位元列使用互斥運算之後，若只有一邊的位元為 **1**，結果就會是 **1**，如果兩邊的值相同，結果就會為 **0**。換言之，若只有一邊的位元為 **1**，該位置的位元就會反轉。

這次會以位元指定與開關對應的燈光的位置。由於兩側的燈光與其他燈光的情況不同，也就是狀態會改變的燈光數量是不同的，所以要分開來思考。

由於兩側的開關只會讓兩個位置的燈光改變狀態，所以當 $n = 4$ 的時候，可使用 0011、1100 的互斥運算。Python 可在數值的開頭加上 0b 呈現二進位的數值，所以可設定 0b11 以及讓 0b11 往左位移 $n-2$ 的數值。

除了兩端的開關之外，其他的開關都可讓 3 個燈光的狀態改變，所以要讓 0b111 這個值位移。利用迴圈讓這個值不斷地位移，就能創造出開關不斷切換的狀態。

如果同一個狀態不只一次出現也是浪費資源，所以這次會使用 Python 的 set（集合）。利用寬度優先的方式不斷搜尋，直到只有右邊的燈光亮著（以二進位來說，就是「0001」的狀態），就能停止搜尋。

q15_1.py

```
def turn(queue):
    result = set([])
    for i in queue:
        for j in range(n):
            if j == 0: # 右邊
                result.add(i ^ 0b11)
            elif j == n - 1: # 左邊
                result.add(i ^ (0b11 << (n - 2)))
            else: # 兩側以外的燈光
                result.add(i ^ (0b111 << (j - 1)))

    return result

n = 21
```

```python
queue, depth = set([1 << (n - 1)]), 1

while True:
    queue = turn(queue)
    if 1 in queue:
        break
    depth += 1

print(depth)
```

STEP 2 假設以這種單向搜尋的方式解題，一旦 n 超過 16，計算的時間就會越拖越長，本次題目的 $n = 21$，筆者的電腦足足算了 30 秒這麼久。不過，若改成雙向搜尋，就可在幾秒之內算出答案。

q15_2.py

```python
def turn(queue):
    result = set([])
    for i in queue:
        for j in range(n):
            if j == 0: # 右邊
                result.add(i ^ 0b11)
```

```
            elif j == n - 1: # 左邊
                result.add(i ^ (0b11 << (n - 2)))
            else: # 兩側以外的燈光
                result.add(i ^ (0b111 << (j - 1)))

    return result

n = 21
fw, bw, depth = set([1 << (n - 1)]), set([1]), 1

while True:
    fw = turn(fw)
    if len(fw & bw) > 0:
        break
    depth += 1

    bw = turn(bw)
    if len(fw & bw) > 0:
        break
    depth += 1

print(depth)
```

答案 ➔ 14 次

Q16 以乘法打造的數謎

「數獨」是一種只要一枝筆就能進行的紙上遊戲，也受到許多人的喜愛，但其實還有一種數學紙上遊戲，那就是所謂的「數謎」。這項遊戲會將特定的數字分解成 1 ～ 9 的數字，之後在空格裡填入這些數字，當這些數字加總之後，會與直排或橫列裡的特定數字一致。要注意的是，在填入數字時，不能使用相同的數字。

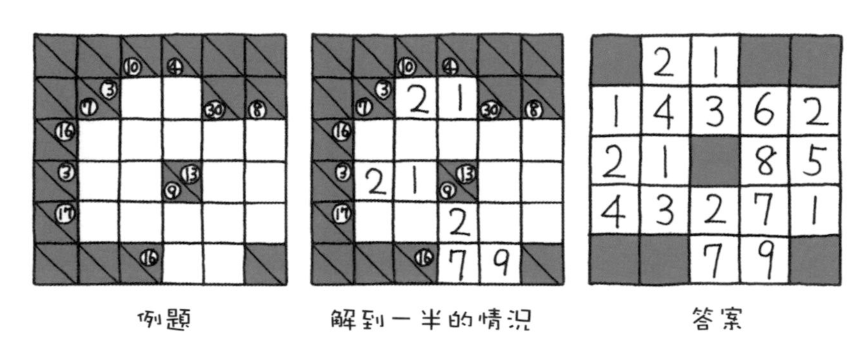

例題　解到一半的情況　答案

（節錄自 https://www.nikoli.co.jp/ja/puzzles/kakuro/）
「數獨」、「KAKUKO」是株式會社 NIKORI 的註冊商標。

這次要思考的是「乘法版」的數謎。比方說，將 16 拆成 3 格時，只有 1×2×8 這種答案（2×2×4 則是因為使用了相同的數字所以不行，而 1×1×16 則是因為使用了 1 ～ 9 以外的數字所以不行）。不過，若將 18 拆成 3 格，就能得到 1×2×9 以及 1×3×6 這兩種答案。

可拆成三格、三種數字的模式共有下列三種。

分解前	模式 1	模式 2	模式 3
24	1×3×8	1×4×6	2×3×4
48	1×6×8	2×3×8	2×4×6
72	1×8×9	2×4×9	3×4×6

問題 在 1 ～ 362880（1×2×3×4×5×6×7×8×9）的範圍之內，能拆成 3 種 6 格組合的數字共有幾個？

思考邏輯 雖然可從頭到尾算一次，但這種算法太浪費時間，所以不妨換個角度，從拆解之後的模式回推拆解之前的數字有幾個，就能大幅減少計算量。

拆解數字的時候，只會用到 1 ～ 9 這幾個數字，而且數字不能重複。

解說

STEP 1 首先根據題目要求，將數字拆成連乘數字的程式。以 1 ～ 9 的數字依序除以拆解之前的數字，假設除得盡，就以下個數字除以剛剛的商數，直到符合題目要求的格數為止。

將 24 拆解成 3 格的情況

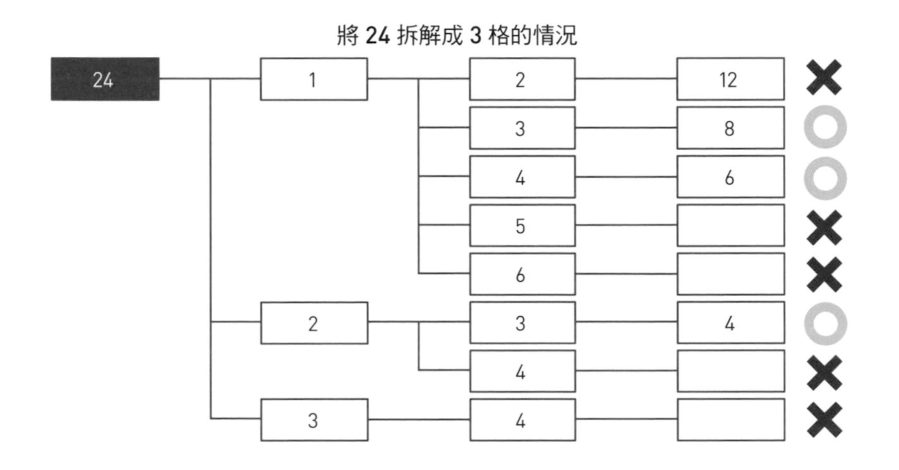

Point 若以大於前一個數字的數字除，就不需要思考數字的順序。此外，這次會一直出現相同的情況，所以可使用「記憶化」技巧。

q16_1.py

```
from functools import lru_cache

@lru_cache(maxsize=1000)
def search(remain, pre, masu):
    if masu == 0:
        # 所有的格子填滿，就完成拆解
        # （如果除得盡的話，最後應該會剩下 1 才對）
        return 1 if remain == 1 else 0

    cnt = 0
    for i in range(pre, 10): # 以 1～9 來除
        if remain % i == 0:  # 若除得盡，就利用下個數字繼續除
            cnt += search(remain // i, i + 1, masu - 1)

    # 傳回完成的數字
    return cnt

cnt = 0
for i in range(1, 362881):
    # 搜尋所有情況
    if search(i, 1, 6) == 3:
        # 假設能拆解 6 格的模式共有 3 種，就將這個數字納入計算
        cnt += 1

print(cnt)
```

STEP 2 這次為了搜尋所有的情況從 1 開始搜尋到 362880，但這種算法實在太耗費時間了。雖然已使用「記憶化」技巧縮短每次計算的時間，但重複計算 362880 次還是很花時間。

讓我們換個角度，找出剛好可以拆成 6 格的數字。假設不考慮順序，從 1 ～ 9 取出 6 個數字的話，共可取得 $_9C_6 = 84$ 種組合。

接著只需要找出這 84 組的 6 個數字相乘後，有多少個相乘的結果是相同的就能算出答案。因此這次將 6 個數字的乘積當成索引值，再建立儲存相乘個數的列表，然後將列表的每個元素設定為 0。

將篩選出來的 6 個數字相乘後的結果當成索引值，再計算列表元素的個數，就能找出剛好可拆解成三種模式的數字有幾種。

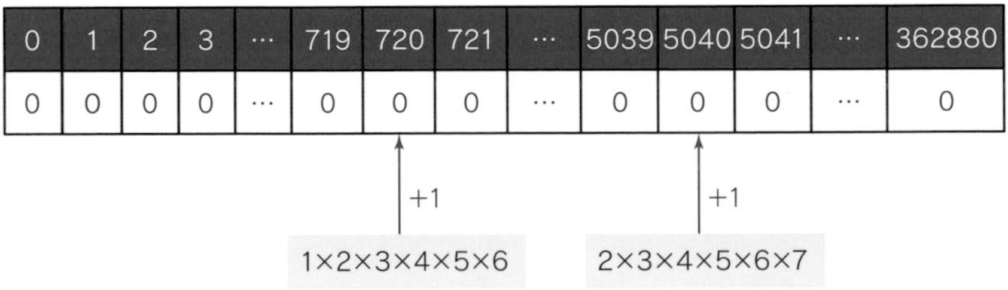

0	1	2	3	…	719	720	721	…	5039	5040	5041	…	362880
0	0	0	0	…	0	0	0	…	0	0	0	…	0

+1 1×2×3×4×5×6

+1 2×3×4×5×6×7

Point 雖然儲存拆解模式種類的列表會佔用記憶體空間，但以現代的電腦規格來看，佔用這麼點記憶體空間是不成問題的。

q16_2.py

```
import itertools

# 初始化儲存拆解模式種類的列表
cnt = [0] * 362881

# 建立 1 ～ 9 的列表
num = [i for i in range(1, 10)]

for i in itertools.combinations(num, 6):
    # 從 1 ～ 9 的列表取出 6 個數字，再計算這六個數字的乘積
    total = 1
    for j in i:
        total *= j

    # 利用拆解模式數量的列表計算積的位置
    cnt[total] += 1

# 輸出拆解之後的三種模式
print(len([i for i in cnt if i == 3]))
```

答案 ➜ 3 種（5040、7560、15120）

Q17 利用不同的整數做出倒三角形

下圖是一個倒三角形的圖示，從中可以發現第 1 層有 n 個自然數，第 2 層有 $n-1$ 個自然數，第 3 層有 $n-2$ 個自然數，以此類推，直到第 n 層為止。此外，從第 2 層開始，每個自然數都是左上角與右上角的數字的總和。

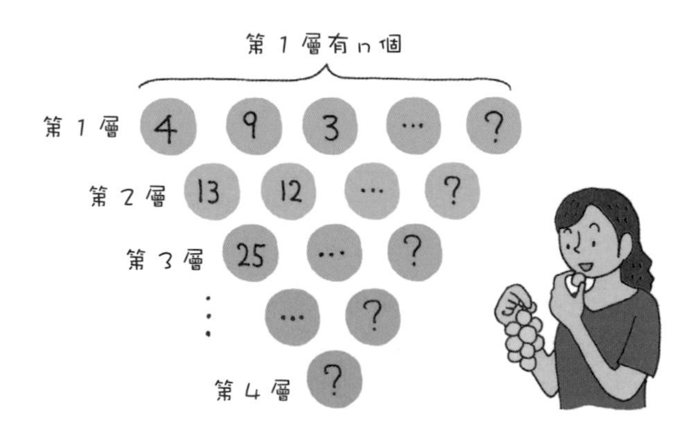

為了到第 n 層之前，所有的數字都不會重複，要在選擇第 1 層的數字時，求出第 n 層的最小數字。要注意的是，所有數字都是正數。

以 $n=3$ 為例，左圖的 3 就重複了，但右圖則沒有重複的數字，第 3 層的最小數字為「8」。

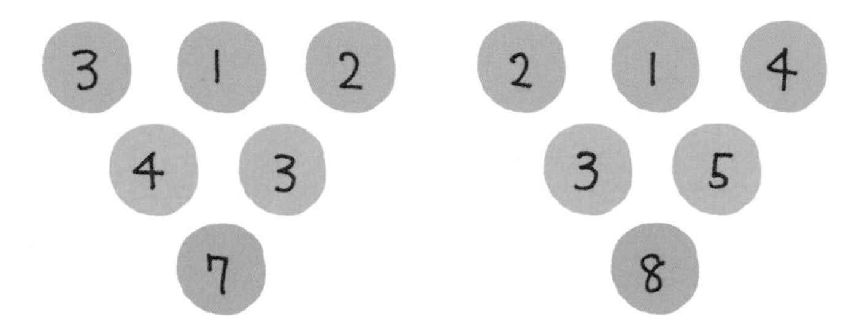

問題 當 n = **7** 的時候，算出第 **7** 層最小的數字。

思考邏輯 最上面一層的數字一旦確定，第二層之後的數字也會自動確定，所以這道題目只需要從最上層的左端依序輸入數值，再找出最後一層的最小數字即可。

不過這裡會遇到一個問題，那就是數字的組合太多。假設最上層的數字為 1 ～ 10，那麼在 n ＝ 7 的情況，大約會有 ${}_{10}P_7$ ＝約 60 萬種組合。由於中途會用到重複的數字，所以會需要比 1 ～ 10 更大的值，數字的組合種類也會因此大幅增加。

這道題目的重點在於利用剪枝法縮減搜尋範圍，但如果能發現規律，則可進一步縮減計算時間。

由於不太可能採用地毯式搜尋的方式，所以可使用剪枝法搜尋，也就是在找到某些答案之後，不再搜尋超過這些答案的值。

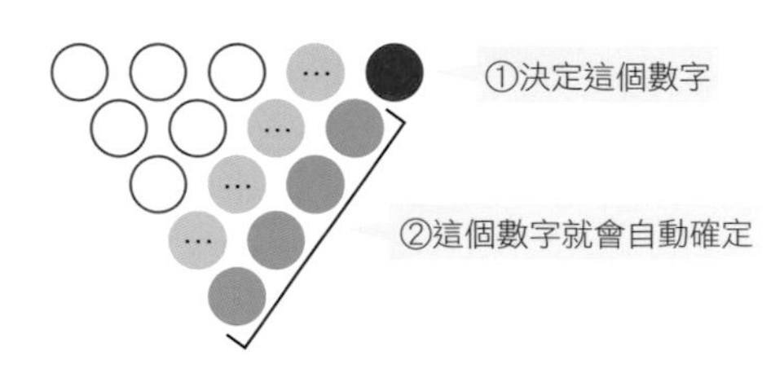

換言之，只要能將數字配置到最下層一次，就以該值為基準。決定一個最上層的值之後，就能如上圖般利用左側的值決定斜下方的值。以迴歸的方式撰寫依序搜尋到右側的處理，就能寫出下列的程式。

Point 下一列的值只需要旁邊那列的值就能設定，不需要儲存所有的列。

q17_1.py

```
N = 7
ans = 999999

def puttable(value, used, pre):
    if value in used:
        # 不能使用已經用過的數字
        return False

    sum = value
```

```
    for i in pre:
        sum += i
        if sum in used:
            # 如果加總之後的值也已經用過，一樣不行
            return False

    # 未用過的值就 OK
    return True

def put(pos, used, pre):
    global ans
    if pos > 0:
        if pre[-1] >= ans:
            # 如果大於之前的答案就以剪枝法排除
            return

    if pos == N:
        # 如果能配置到最右側就設定答案
        ans = pre[-1]
        return

    for i in range(1, 51): # 先搜尋到一定程度的數值
        if puttable(i, used, pre):
            # 能配置數字的時候，計算與左側數字的總和
```

```
            now = [i]
            for j in pre:
                now.append(j + now[-1])

            # 搜尋下一個數字
            put(pos + 1, used + now, now)

put(0, [], [])
print(ans)
```

STEP 2 雖然上述的方法可算出答案，但光是 $n = 6$ 的情況就得計算 30 幾秒，$n = 7$ 的話，需要 20 分鐘以上才算得出答案，所以讓我們試著改良一下程式。

這次要試著找出題目的規律性。以 $n = 5$ 為例，假設最上層的數字為 a、b、c、d、e，那麼所有的值會如下圖的方式分佈。

$$a \quad b \quad c \quad d \quad e$$
$$a + b \quad b + c \quad c + d \quad d + e$$
$$a + 2b + c \quad b + 2c + d \quad c + 2d + e$$
$$a + 3b + 3c + d \quad b + 3c + 3d + e$$
$$a + 4b + 6c + 4d + e$$

這張圖又被稱為巴斯卡三角形或二項式定理，其係數可利用二項式係數呈現，所以當 a、b、c 這三個數值確定，總和一定會大於 $a + 4b + 6c$。

所以當我們找到比 $a + 4b + 6c$ 還小的值，就不需要繼續搜尋 d 與 e 的部分。

Point 由於所有的數字都是正數，所以只要找出規律就能大幅縮減搜尋範圍。

下列就是依照上述原理撰寫的程式。這個程式利用 Part 2 介紹的 $_nC_r$ 組合公式計算二項式係數。如果是這個程式的話，即使是 $n = 7$，也只需要 3 秒鐘就能算出答案。

q17_2.py
```
from functools import lru_cache

N = 7
ans = 999999

@lru_cache(maxsize=1000)
def nCr(n, r):
    if (r == 0) or (r == n):
```

```
        return 1
    return nCr(n - 1, r - 1) + nCr(n - 1, r)

def puttable(value, used, pre):
    if value in used:
        # 不能使用已經用過的數字
        return False

    sum = value
    for i in pre:
        sum += i
        if sum in used:
            # 如果加總之後的值也已經用過，一樣不行
            return False

    # 中途超過的情況也不行
    if sum > ans:
        return False

    # 未用過的值就 OK
    return True

def put(pos, used, pre, predict):
    global ans
```

```
    if predict >= ans:
        # 超過預測值的情況就以剪枝法排除
        return

    if pos == N:
        # 如果能配置到最右側就設定答案
        ans = pre[-1]
        return

    for i in range(1, 51): # 先搜尋到一定程度的數值
        if puttable(i, used, pre):
            # 能配置數字的時候，計算與左側數字的總和
            now = [i]
            for j in pre:
                now.append(j + now[-1])

            # 搜尋下一個數字
            put(pos + 1, used + now, now,
                predict + nCr(N - 1, pos) * i)

put(0, [], [], 0)
print(ans)
```

答案 → 212

Q18 挑戰旋轉將棋！

你正一個人玩著「旋轉將棋」。旋轉將棋會從某個角落（1 一的位置）出發，再如下圖般，在將棋棋盤的周圍格子移動。

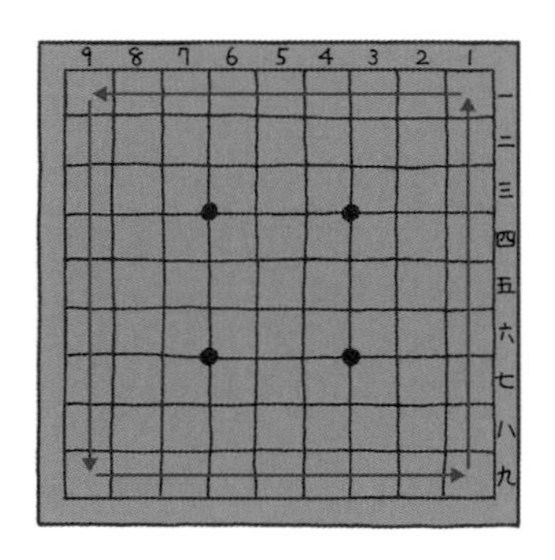

背面 正面 側面 上面 下面

方向	格數
背面	0
正面	1
側面	5
上面	10
下面	20

移動的格數是由 4 個「金將」的方向決定。金將的方向共有上方表格的 5 種，每一種都有對應的移動格數。

由於金將有 4 個，所以可加總這些金將的格數，此時的「總格數」就是「移動的格數」（要注意的是，若 4 個金將的方向都是背面，就可移動 8 格）。

舉例來說，假設 4 個金將的方向如下列表格的左欄排列時，就能依照右欄的格數前進（假設金將掉出棋盤，或是與其他的金將疊在一起，就只能移動 0 格）。

金將的方向	移動格數
正、背、背、背	1
正、正、背、背	2
側、正、正、背	7
側、正、正、正	8
背、背、背、背	8
上、側、正、背	16
下、上、側、正	36

丟一次金將時，棋子停在某個角落（1 一、1 九、9 一、9 九）的移動方式共有「0 格」、「8 格」、「16 格」、「32 格」、「40 格」、「80 格」這六種（移動「8」格的組合共有兩種，但都是移動到同一個位置，所以只算一種）。

問題 請計算丟 7 次金將時，棋子停在某個角落（1 一、1 九、9 一、9 九）的移動方式有幾種。此外，這次的重點在於移動幾格，所以假設丟了 2 次金將，出現「第 1 次走 3 格、第 2 次走 5 格」以及「第 1 次走 5 格、第 2 次走 3 格」的情況時，要將這兩種情況分開計算。

乍看之下很像在繞棋盤，但這次只需要判斷是否抵達角落，所以只需要思考位於 8 格一維列表的哪一格即可。

解說

STEP 1 以目前的棋盤來看，只要移動 32 格就等於繞了一圈回到原地。若要從起點出發，搜尋所有的模式，可利用樹狀結構的深度優先搜尋。

移動的格數可事先將 4 塊金將的格數總和做成表格。雖然 4 塊金將都呈背面時可移動 8 格，但這種特殊情況其實與 1 格側面加 3 個正面的情況一樣，因此可以忽視。

若將現在的位置以及剩下的移動次數當成參數，就能依照在之前的題目用過好幾次的迴歸方式撰寫函數。由於 32 格會回到起點，所以現在的位置可利用 32 除以移動量的餘數算出。由於會一再出現相同的位置，所以還能應用「記憶化」技巧加快計算的速度。

Point 使用餘數可簡潔地呈現位於相同位置的這件事。

q18_1.py
```
from functools import lru_cache

d = [0, 1, 5, 10, 20]

# 建立 4 塊金將可能產生的移動量
move = set([])
```

```
for i in range(len(d)):
    for j in range(i, len(d)):
        for k in range(j, len(d)):
            for l in range(k, len(d)):
                move.add(d[i] + d[j] + d[k] + d[l])

@lru_cache(maxsize=1000)
def search(pos, remain):
    if remain == 0:
        # 假設搜尋到最後是位於角落，就納入計算
        return 1 if (pos % 8) == 0 else 0

    cnt = 0
    for i in move:
        # 搜尋所有的移動模式
        # （目前位置可利用移動量除以 32 的餘數算出）
        cnt += search((pos + i) % 32, remain - 1)

    return cnt

print(search(0, 7))
```

雖然上述的程式已利用記憶化技巧瞬間算出答案，但讓我們進一步改造程式看看。

一如在「思考邏輯」提到的，目前的位置其實可利用下列排成一排的8個格子思考。假設抵達最右側之後，下一格就是移動到最左端，那麼目前的位置可利用移動量除以8的餘數算出。

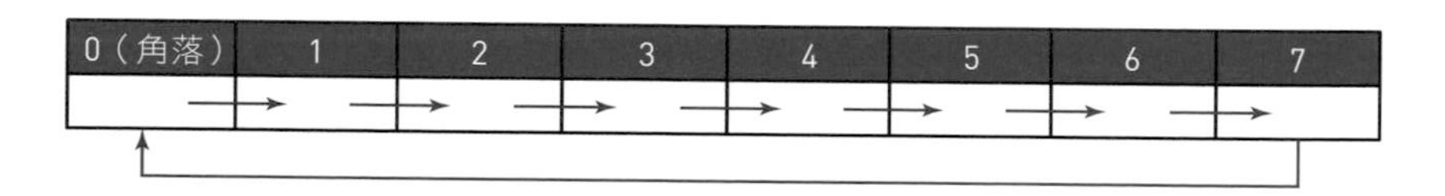

此外，如果把第一次移動的位置記錄下來，第二次之後就只需要追加從前一次的位置移動之後的位置。若以 8 除以這個移動量的餘數計算，就能找出抵達每個位置的模式。若使用動態規劃法就能只以迴圈撰寫程式，不需要使用迴歸的方式撰寫。

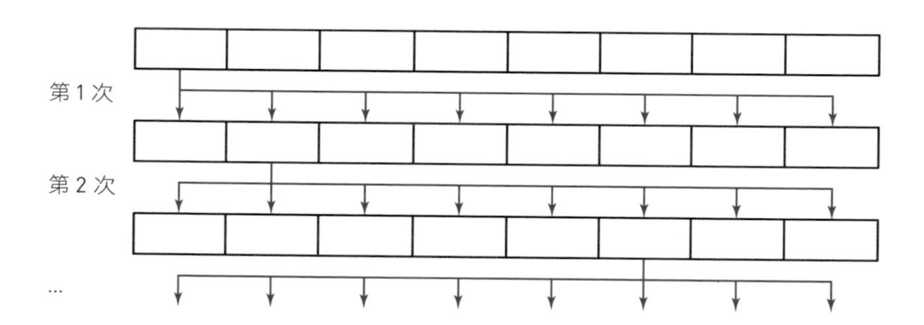

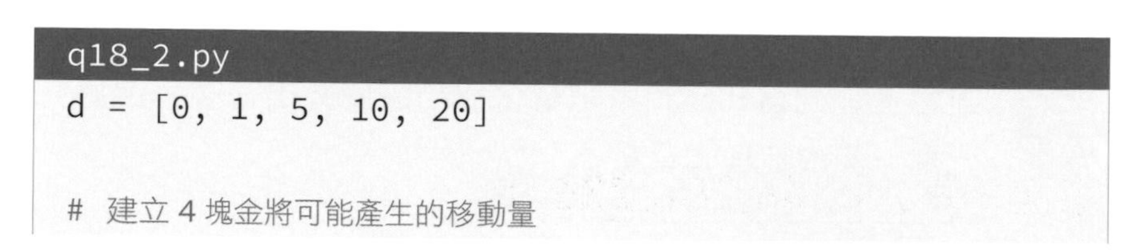
q18_2.py

```
d = [0, 1, 5, 10, 20]

# 建立 4 塊金將可能產生的移動量
```

```
move = set([])
for i in range(len(d)):
    for j in range(i, len(d)):
        for k in range(j, len(d)):
            for l in range(k, len(d)):
                move.add(d[i] + d[j] + d[k] + d[l])

n = 7
size = 8

# 計算第 1 次丟金將之後的移動位置
pos = [[0] * size for i in range(n)]
for i in move:
    pos[0][i % size] += 1

# 第 2 次之後，計算從前一個位置移動之後的位置
for i in range(1, n):
    for j in range(size):
        for k in move:
            pos[i][(j + k) % size] += pos[i - 1][j]

# 輸出停在角落的情況
print(pos[n - 1][0])
```

答案 ➔ 24,344,284,236 種

Q19 連續正整數的總和

接著要思考的是以「連續正整數的總和」呈現某個數值的問題。以「15」為例，可寫成「1 + 2 + 3 + 4 + 5」、「4 + 5 + 6」、「7 + 8」這種連續正整數。

接著要在這種能寫成多種連續正整數的情況下，找出這些連續正整數為連續數值的情況。以「15」為例，就是「4 + 5 + 6」與「7 + 8」的「4, 5, 6, 7, 8」。

若由小至大開始搜尋具有這些連續數值關係的數字，可找到 3、15、27、…這些數字。

問題 由小至大搜尋這類數值時，第 **50** 個數值為何？

① 3…1+2,3
② 15…4+5+6,7+8
③ 27…2+3+4+5+6+7,8+9+10
⋮
第㊿個數值是？

思考邏輯 若要以地毯式搜尋的方式搜尋「連續正整數的總和」，可依序從最左邊的數字開始搜尋。只要在左邊數字固定的狀態下向右側展開，直到該範圍的總和與目標值一致，就可結束搜尋，若是不一致，就讓左邊的數字位移 1 格再繼續搜尋。

不斷重複這個過程直到抵達最右邊為止，就能找出所有的組合。不過，若只是依照上述的內容寫程式，程式會寫成三重迴圈的格式，而這三重迴圈分別是「移動左側的迴圈」、「移動右側的迴圈」以及「從總和較小的數值依序搜尋，直到找到第 50 個數值為止的迴圈」。

一旦要計算的是比第 50 個更大的數值，就得花更多時間計算，所以非得改良程式不可。

提示 第一個改良重點就是當左側與右側決定之後的總和超過目標值，就讓左側位移的情況。此時不需要重設總和，然後重新一個個搜尋，而是要試著保留總和，改以優化過的方式計算。

第二個改良重點則是利用數學的思維撰寫程式。連續正整數的總和可利用數學的「數列」處理。

解說

STEP 1 一如提示所述，讓我們試著思考在左側與右側決定之後的總和超過目標值的時候，讓左側位移的改良方式。固定右側，並讓左側的數字前進一格時，意味著總和少了一格左側的值。

換言之，當總和超過目標值，左側的值每前進 1 格，總和就會跟著減少。當總和小於目標值，可固定左側的數值，並且讓右側的數值前進一格。

這種讓左側的數字前進一格、再讓右側的數字前進一格的重覆搜尋方式跟「尺蛾」的爬行方式很像，所以又稱為「尺蛾搜尋法」。

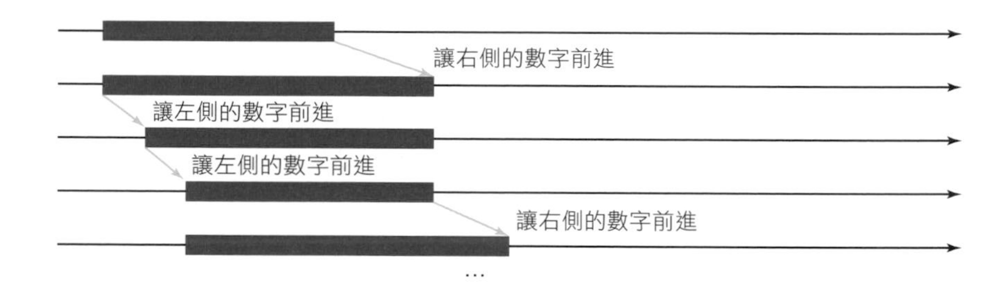

Point 尺蛾搜尋法可縮短搜尋所需的時間。這次需要找出所有的總和，還需要找出連續的正整數，所以當總和一致時，要先記錄右側的值。假設找到新的連續正整數時，可比較該連續正整數的左側值，確認兩個連續正整數是否能組成新的連續正整數。

根據上述的內容撰寫程式，可寫成下列的內容。

q19_1.py

```
def check(target):
    left, right, sum = 1, 1, 1
    log = []
    while right <= target:
        if sum < target:
            # 當總和小於目標值的時候，往右側展開
            right += 1
            sum += right
        else:
            if sum == target:
                # 當總和與目標值一致時，記錄右側的數字
                log.append(right)
                if (left - 1) in log:
                    # 當左端旁邊的數字也被記錄，等於找到目標值
                    return True

            # 縮減左端
            sum -= left
            left += 1

    return False
```

```
count, target = 50, 0

while count > 0:
    # 遞增目標值
    target += 1
    if check(target):
        # 找到之後，逐次減少剩下的值
        count -= 1

print(target)
```

STEP 2 以這次找到第 50 個數值的題目而言，上述的程式已經足以應付，但為了加快計算速度，讓我們以數學的方式計算看看。比方說，以等差數列處理連續正整數的總和時，只需要以第 1 項與項數就能算出連續正整數的總和。假設項目為 n，第一項為 a，連續正整數的總和將會是 $\frac{n}{2}(2a+n-1)$，接下來，我們就使用這個公式來計算看看吧！

從這個公式來看，總和乘以 2 倍之後的數值可利用 n 與（$2a+n-1$）的乘積算出。換言之，只要找到能以 2 個數的乘積呈現的總和即可。以題目的 15 為例，兩數相乘之後為 30 的情況共有 1×30、2×15、3×10、5×6 這四種。由於 $2a+n-1$ 一定大於 n，所以可知道積的左側為項數，右側為括號之內的值。

一旦知道項數，第一項就能根據括號之內的值算出，也就能知道連續正整數兩端的值。若將上述的內容寫成程式，就能將上述的 check 函數改寫成下列的內容。如此一來，即使要計算的是第 500 個數值，也能在短短幾秒之內算出。

q19_2.py
```
def check(target):
    double = target * 2 # 目標值的 2 倍
    n = 1
    log = []
    while n * n < double:
        if double % n == 0: # 如果是除得盡的數值
            aa = (double // n) - n + 1 # 第一項的 2 倍
            if aa % 2 == 0:
                log.append(aa // 2) # 記錄第一項
                if (aa // 2 + n) in log: # 確認最後一項的右邊
                    return True
        n += 1

    return False
```

答案 ➔ 1,875

Q20 2048 遊戲的組合有幾種

「2048」這個遊戲除了有手遊版還有網頁版。實際玩過之後，應該就會知道實際的玩法，不過在此忽略實際的玩法。

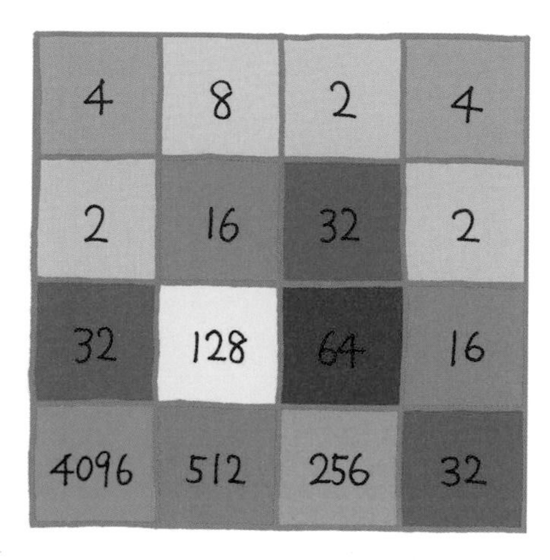

從上圖可以發現，在 4×4 的方格之中，寫了 2、4、8、16 這些 2 的次方的值。相鄰的格子（每個格子的上下左右）不會出現相同的數字。一旦所有的格子都被填滿，遊戲就結束。此時的分數可如下計算。

- 「2」的格子 0 分
- 「4」的格子可利用「2」與「2」的格子加總，所以 2 ＋ 2 ＝ 4 分
- 「8」的格子可利用「4」與「4」的格子加總，所以 4 ＋ 4 ＝ 8 分，而「4」的格子是 4 分，2 個為 8 分，所以總分是 16 分
- ‧‧‧‧

由此可知，「n」的格子可利用 $n\times(\log_2 n-1)$ 的公式算出分數。加總所有格子的分數即可算出總分。以前頁的插圖為例，總分為 52536 分。

問題 總分為 2048 的狀態會有幾種？

思考邏輯 從左上角依序配置數字，而且不能配置相同的數字時，只需要確認左邊與上面的數字。這次要滿足的條件是從左上角開始配置數字直到右下角，而且相鄰的格子不會出現相同的數字。此外，若配置的數字超過目標值就停止搜尋。

提示 配置的任何一個數字都是 2 的次方，所以就算不使用 log，也能算出分數。

解說

STEP 1 其實總分沒那麼難計算，難的是數字的配置。假設每一格最大的數字是 1024，可以配置在格子裡的數字總共會有 10 種，分別是 2、4、8、16、32、64、128、256、512 與 1024。由於這些數字可以重複使用，若要全面搜尋的話，總共要搜尋 10^{16} 次。

不過要注意的是，不需要記錄所有格子配置了哪些數字。從左上角開始配置時，只需要確認左邊與上面的數字，所以就實務而言，只需要在配置下一個數字之前，記錄前 4 個數字即可。

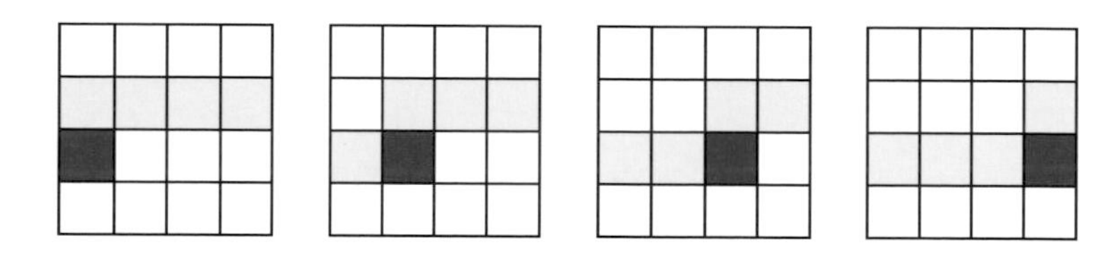

Point 只記錄需要的數字就能應用「記憶化」技巧。

此外，計算「n」格總分的公式為 $n\times(\log_2 n-1)$，但 n 一定是 2 的次方值，所以 $n=2^m$ 的分數可利用 $2^m\times(m-1)$ 的公式（從 $\log_2 2^m=m$ 導出的公式）計算。根據上述的內容撰寫程式，可將程式寫成下列的內容。

q20.py

```
from functools import lru_cache
```

```python
@lru_cache(maxsize=20000000)
def search(remain, pos, i0, i1, i2, i3):
    if pos == 16:
        # 配置到最後一格
        return 1 if remain == 0 else 0

    cnt = 0
    i = 1
    while True:
        point = (2 ** i) * (i - 1) # 計算分數
        if remain < point:
            break

        if (((pos % 4 == 0) or (i3 != i)) \
        and ((pos // 4 == 0) or (i0 != i))):
            # 當數字與左邊、上面的數字不同時，繼續搜尋
            cnt += search(remain - point, pos + 1, i1, i2, i3, i)
        i += 1

    return cnt

print(search(2048, 0, 0, 0, 0, 0))
```

答案 ➔ 693,799,982 種

附錄

本書使用的函數

函數名稱	內容
print	輸出
input	輸入
range	範圍
len	列表元素的個數
sum	列表元素的總和
int	將文字轉換成數值
str	將數值轉換成文字
list	依照位數分割數字
set	將列表轉換成集合
exit	結束處理

本書使用的方法

物件	方法名稱	內容
列表	append	新增元素至列表
	pop	從列表取出元素
	index	傳回元素在列表裡的位置
	join	合併列表的元素
集合	add	新增資料至集合

本書使用的模組與函數

模組	函數名稱	內容
random	choice	傳回一個亂數
math	gcd	傳回最大公約數
itertools	combinations	傳回組合
functools	lru_cache	記憶化

INDEX

2 劃

3 劃

4 劃

5 劃

12 劃

13 劃

14 劃

15 劃

16 劃

17 劃

18 劃

19 劃

21 劃

23 劃

培養刷題基本功｜Python 程式設計師的頭腦體操

作　　者：増井敏克
書籍設計：森 裕昌（森設計事務所）
封面/文字插圖：堀江 篤史
譯　　者：許郁文
企劃編輯：莊吳行世
文字編輯：王雅雯
設計裝幀：張寶莉
發 行 人：廖文良

發 行 所：碁峰資訊股份有限公司
地　　址：台北市南港區三重路 66 號 7 樓之 6
電　　話：(02)2788-2408
傳　　真：(02)8192-4433
網　　站：www.gotop.com.tw
書　　號：ACL061800
版　　次：2021 年 11 月初版
建議售價：NT$450

國家圖書館出版品預行編目資料

培養刷題基本功：Python 程式設計師的頭腦體操 / 増井敏克原著；許郁文譯. -- 初版. -- 臺北市：碁峰資訊, 2021.11
面；　公分
ISBN 978-986-502-990-6(平裝)
1.Python(電腦程式語言)　2.電腦程式設計　3.演算法
312.32P97　　110017014

讀者服務

- 感謝您購買碁峰圖書，如果您對本書的內容或表達上有不清楚的地方或其他建議，請至碁峰網站：「聯絡我們」\「圖書問題」留下您所購買之書籍及問題。（請註明購買書籍之書號及書名，以及問題頁數，以便能儘快為您處理）
http://www.gotop.com.tw

- 售後服務僅限書籍本身內容，若是軟、硬體問題，請您直接與軟、硬體廠商聯絡。

- 若於購買書籍後發現有破損、缺頁、裝訂錯誤之問題，請直接將書寄回更換，並註明您的姓名、連絡電話及地址，將有專人與您連絡補寄商品。